U0295439

万物简史译丛

【日】山内昶 著
尹晓磊 高 富 译

内容提要

本书是“万物简史译丛”之一。本书是一部揭示人类饮食文化发展历程、阐释东西方文化差异的力作。书中知识普及与理论探讨兼而有之，既可以作为一般的科普读物，满足于一般大众获取知识的需求，也可作为学术著作，为研究者提供参考。

图书在版编目（CIP）数据

食具/（日）山内昶著；尹晓磊，高富译.—上海：
上海交通大学出版社，2014
（万物简史译丛/王升远主编）
ISBN 978-7-313-11404-4

Ⅰ.①食… Ⅱ.①山… ②尹… ③高… Ⅲ.①餐具—
文化—对比研究—东方国家、西方国家 Ⅳ.①TS972.23

中国版本图书馆CIP数据核字（2014）第108676号

食具

著　　者：[日]山内昶　　译　　者：尹晓磊　高　富
出版发行：上海交通大学出版社　　地　　址：上海市番禺路951号
邮政编码：200030　　电　　话：021-64071208
出 版 人：韩建民
印　　制：浙江云广印业股份有限公司　　经　　销：全国新华书店
开　　本：880mm × 1230mm　1/32　　印　　张：7.375
字　　数：168千字
版　　次：2015年01月第1版　　印　　次：2015年01月第1次印刷
书　　号：ISBN 978-7-313-11404-4/TS
定　　价：36.00元

目　录

绪论

何为“食具”

试想在张灯结彩、喜气洋洋的婚宴上，若是坐在显赫位置上的新郎，突然用手抓起食物狼吞虎咽地吃起来，甚至把脸几乎贴在盘子上啜着吃起来，那场面将会怎样？想必前来祝贺的人们都会被惊得目瞪口呆。接下来嘲笑声和呐喊声响作一团，整个会场一片哗然。新娘号啕大哭，媒人大惊失色，新娘的双亲带着神志不清的女儿扬长而去。如此一来，不仅婚宴办不下去，就连这桩婚事恐怕也会告吹。这也难怪，谁愿意把女儿嫁给如此不知礼节、不懂规矩的粗野男人？可以这么说，吃相决定了新郎的智力及教养。

然而，在手食文化圈中，如果新娘突然掏出藏在身上的刀叉吃起来，那么也一定会出现与前面完全相同的情形。

区区一种吃法，为什么会在个人乃至社会层面上，引发出如此重大的人生悲喜剧？本书就是带着这个谜案出发，与读者一探究竟。

同化理论

“请告诉我你在吃什么？让我来猜猜你是怎样的一个人！”这句警句出自著名的《美味礼赞》(1825)的作者布里亚·萨瓦兰[1]。如果在原句中替换一个助词，这句警句将变为“请告诉我你用什么吃，让我来猜猜你是怎样的一个人！”

当然，声名显赫的布里亚·萨瓦兰的警句与这个寂寂无闻的笔者的拙劣效仿，在适用范围上有着天壤之别。如费尔巴哈[2]提出的命题“吃什么东西就是什么样的人”——把人与食的关系上升到哲学层面一样。萨瓦兰在该著述中，提出的“食是形成个人乃至民族的本质”的观点，植根于人类社会的既古老而又普遍的同化理论(当然不只是同化理论，也体现在差异化理论之中，有关差异化理论在后面另有论述)。

下面再举几个事例加以论证。例如，北美的切罗基族人认为吃鹿肉的人跑得快，所以猎人都喜欢吃鹿肉。然而，居住在卡里比布沙漠的闪族人，则相信吃羚羊肉会使猎物产生感应，于是猎物会逃得更快，因此，猎人不吃羚羊肉。而马达加斯加的勇士们绝不吃刺猬肉，因为刺猬是一种胆小懦弱的动物，遇到敌人时就会把身体蜷缩成一团。再有，东非的Wagogo民族则认为，年轻人如果捉不到狮子，就算不上真正的男子汉。也因此他们便有了一种习惯：经历过这种危险历练的男子，要去吃他捉住的狮子的心脏。而澳大利亚的原住民则相信吃袋鼠或鸸鹋能跳得高、跑得快。

诸如此类的事例，在民族志中多如银河里闪烁的繁星，不胜枚举。将其贬低为“未开化人”的愚蠢的泛灵论观点，或是无知的巫术泛滥的观点都是不合适的。

---

1. 布里亚·萨瓦兰 (Brillat-Savarin)，法国美食家。——译者注
2. 费尔巴哈 (Ludwig Feuerbach, 1804—1872)，德国哲学家。——译者注

古希腊在举行祭祀狄俄尼索斯[1]的庆典活动时，平时被关在房间里的女人们就会走出家门，披头散发、漫山遍野地追逐牛群，逮住之后遂将其卸成碎块，吃那血淋淋的生牛肉（欧里庇得斯[2]《巴克斯的信女们》）。

此举为的是与呈牤牛形态的酒神狄俄尼索斯神一心同体。据古代北欧的《萨迦》中的传说：阿奴多王的儿子银迪尔多年轻时是个胆小懦弱的人，但当他吃了狼心之后，就变得十分勇猛、天下无双。

其实，这种观点，在西方的文化基础——基督教思想中也得以传承。弥撒在临终时，让信徒们喂他用红葡萄酒浸泡的圣饼，即所谓的接受圣体，就是为了将耶稣基督的血、身体和自己融为一体。

18世纪，法国的卢梭[3]在其著作《爱弥儿》（1762）中断言说："就一般而言，多食肉者比少食肉或不食肉者要凶狠、残暴。这种现象不论在何时、何地都可以观察得到。比如，英国人的野蛮是尽人皆知的。"卢梭并非憎恨英国人，他只是批评在饮食方面的社会不公，并且认为，养育孩子最好还是靠吃菜。在英国，之所以烤牛肉能成为一般民众的食物，就是因为人们相信吃雄壮、彪悍的牦牛，会变成约翰牛（John Bull）（英国人的绰号）。

从江户时代晚期至明治年间，日本的肉食效用论兴起，并逐渐推广起来，这同样是以体质改善论为基础的。如儒学家（汉学家）香川修德在其著作《一本堂药选》（宽廷·宝历年间）中，一语道破了天机："国人就是不吃肉才虚弱的。"

年轻时，在汤森·哈里斯公馆做见习翻译的三井物产创始人益田孝，追述往事时说，他曾立下誓言："我们也要吃与西方人相同的食物，

1. 狄俄尼索斯（Dionysus），古代希腊色雷斯人信奉的葡萄酒之神。——译者注
2. 欧里庇得斯（Euripides），希腊三大悲剧大师之一。——译者注
3. 卢梭（Henri Julien Félix Rousseau），法国哲学家。——译者注

成为了不起的人”。“当时别说牛肉、猪肉，就连狗肉、猫肉、老鼠肉我们都吃”（儿玉定子，1980）。他相信：西方人是因为吃了动物肉，才提高了智商，强壮了身体，进而发展了科学技术，因为身体的强壮才称霸了世界。

在日本，率先大力推广食用牛肉罐头的是军队，他们认为强兵之物非牛肉莫属。因为人会与其食用的食物的性质类似起来。这种观念由来已久。古罗马就有句格言叫做“类似由类似而创造（Simila Similibus Creantur）”。

可是，不是“吃什么”，而是“用什么”吃，即餐桌上的礼仪，为什么能揭示个人或其所属文化的本质呢？这正说明了食具是连接人与自然的最终媒介。

满汉全席——豪华的中华料理，并不是把它摆在餐桌上就算了事，而要观其形、闻其味，最终将其收入腹中，这才算达到目的。否则它就没有存在的意义了。所有的消费品最终都是一样，尤其是每天都周而复始地即刻消费的料理，更具有一种不可思议的性质，即只有把它消耗掉，它才有存在的价值。

另一方面，说起食材，如转基因食品一样，今天有很多食品都是人工生产的。但是追根溯源，也都是自然产物，都是大自然的恩惠。因为连蚂蚁和蒲公英的遗传基因，目前都还没有谁能制造出来。菜肴是通过种类繁多的材料与变化多样的烹调方法搭配组合而完成的。只有吃了它，它才具有存在的价值。因此，研究如何把菜肴吃到嘴里，则是以最清晰的最终形态展示了文化与自然之间的关系。所谓进餐的工具成为人与自然之间的文化链条，指的就是这个意思。

而且，与千变万化、种类繁多的菜肴不同，进餐方式只有四种基本方式：①（不使用任何工具）直接用嘴撮着吃（口食）；② 用手抓着吃（手食）；③ 用筷子吃（箸食）；④ 用勺、刀、叉吃（以下简称为三件组合）等。

不过，筷子文化圈中也有使用勺的，同样在三件组合文化圈里也有保留手食的。所以说，上述的分类不是绝对的，存在混用、过渡的情况……比如，在日本，吃装在碗里的饭用筷子，而吃装在盘子里的饭则用叉，这是最典型的例子。但是，这只不过是基本原则的变体。从进餐方式来看，世界上所有饮食文化都超不出上面的四种基本方式。

如果按笼统的标准进行分类，进餐方式大致可以分为两种：一是自然方式，即人类与生俱来的直接用嘴撮、用手抓的方式；二是人为方式，即使用人造工具的进餐方式。在这两种截然不同的进餐方式中，又各自包含着两种比较具体的方式。可以归纳如下：

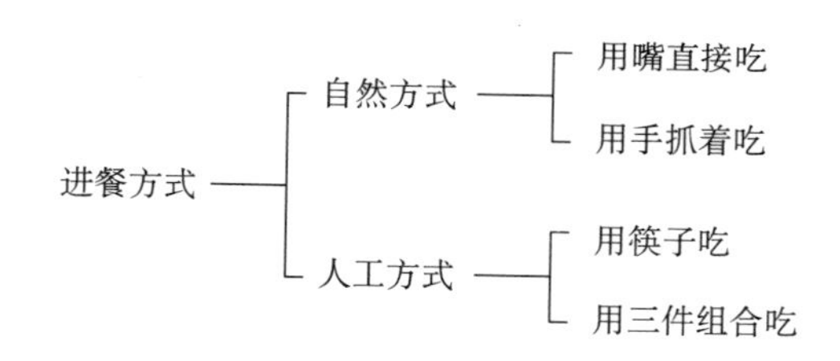

那么，在这些进餐的基本类型的背后，到底潜藏着怎样的人对自然的认知，或者说文化宇宙观呢？对此，以日欧进餐方式为对象，进行比较研究正是本书的目的。

何为“食具”？

笔者原以为，“食具”是个极其普通的日常用语，也因此将它作为本书的书名。可是，令我惊讶的是，似乎并非如此（简单）。研究工具的学者山口昌伴在其论文《食器与食具及其体系之大成》（1999）中讲道：有关餐桌上的器具类的术语分类，目前说法各异，尚无定论。不论是普通人还是专家对“食具”这一术语，尚未以明确的概念登录在学术命名表上。情急之下，我查阅了一下案头的几本日语辞典，在单词量为中等程度的辞典里，虽然发现了“食器”以及“食器具”的词条，但没有“食具”一词。就连平凡社出版的《世界大百科事典》中也没收录。后来终于在小学馆出版的《国语大辞典》中找到了该词条，是这样解释的：

食器——进餐时使用的器具、容器。如，饭碗、盘子（碟子）、筷子、餐刀、勺（羹匙）等。

食具——① 指饭菜准备停当；② 指用来盛食物的器具。就餐时所用的器具、容器、食器。

如果按照上面的解释，两者在意思上似乎没有区别。然而，就日语的语感而言，“器”和“具”两者的语义应该有同也有异，因“器”和“具”是相对存在的，所以两者（器和具）所指的事物必然存在差异，这是自索绪尔[1]以来的语言学界的观点。下面就列举一些我所想到的，在同一汉字的后面分别加上“器”和“具”两字的词语。

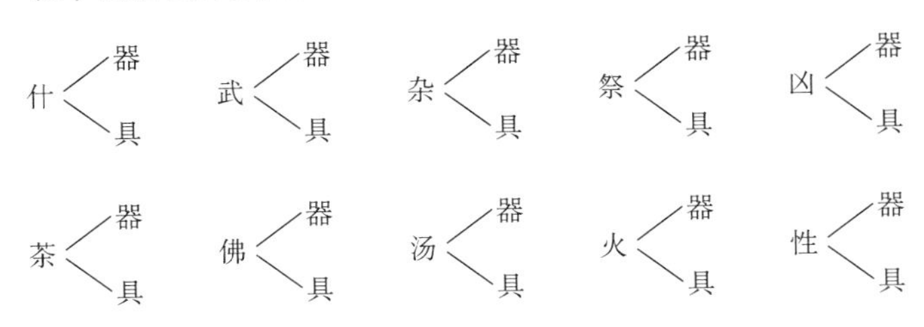

此类词语还有很多，在此就不再多举了。在列举的这些词语中，上列的五对词意思基本相同（根据几部国语辞典的解释）。下列的五对词的意思分别为：茶器，广义上是指所有茶具，狭义上指盛茶的容器，它的形状有：顶部较尖的、肚大嘴小且呈圆葫芦状的，还有果核

1. 索绪尔 (Ferdinand de Saussure, 1857—1913)，瑞士语言学家。——译者注

形状的等。佛器和佛具，除均用于指佛坛前的器具外，前者还用来指盛供佛物品的容器，后者可指用来装饰佛坛的花瓶、香炉等。汤器，指平安时代宫中用来盛开水的一种银制器具，这种器具一般与其他盛装食物的器具摆放在一个台子上面；汤具，指入浴时穿的浴衣、围腰或指围腰的隐语，转指妇女的围腰。火器，作为军事术语，指枪炮类的武器，也指用来照明用的松明火把以及用于放火的火箭等工具。最后的性器是指生殖器官，而性具则指性交时的辅助用具或避孕用具。

如此看来，虽然很多场合“器”与“具”的区分并不明确，但似乎存在如下的分类标准：首先，作为被动对象使用的为“器”，即盛装某种物品的器具=器；而能动地作用于对象的为“具”，即辅助性器具=具。也就是说，容器与用具是对立的。在前面提及的山口的论文中，他指出:“在技术理论中，器类被称为劳动接收器，而把作用于此器物的物体，称为劳动用具。……进餐所需的用具并非都称为‘食器’，有些应该称作‘食具’。也就是说，在进餐的器具中，应把属于器皿以外的用具称作‘食具’。”笔者也赞成这个观点。

当然，食器与食具的分类标准暧昧的现象，似乎并不仅限于日本。英语里的“餐具”(tableware)一词，是盘子、刀、叉、勺等的总称。为了明确区分这些用具，把扁平的餐具称为“flatware”(尤指刀、叉、匙等)，或镀银器皿“silverware”(尤指餐具，有时也指其他浅平的器皿)，至于较深的器皿类则称之为“hollow-ware”，咖啡壶或红茶壶、糖罐以及奶油罐等则称之为“silverservice”。法语中的“couvert”(餐具)一词，包括餐桌布、餐巾、盘子、杯子、餐勺、餐刀、叉子等。即指一份全套的就餐用具，当然有时也专指三件组合。由此可以推测，最初人类或许认为没必要把就餐用具分得那么详细，包括区分食器与食具。因为手食(用手抓着吃)时，只要有香蕉树叶或槲树叶就已足矣。

如果把就餐用具设定为研究对象，那么，还有陶瓷器、织物、玻璃器皿、金属制品等，这就超出了本书的研究范围，所以，在此仅按如下方式进行分类：

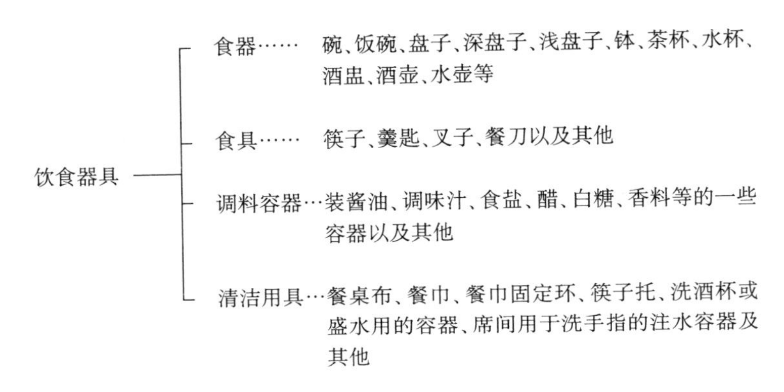

本书主要涉及的对象为其中的第二项“食具”。这里的“其他”包括：比如吸管、（烤串用的）签子、主要用来吃西瓜或学校学生就餐时用的前端分出两个叉的勺、掏挖虾和螃蟹肉以及骨髓时用的前端为钩状的勺等。此外还包括勺与叉、叉与刀兼用的特殊用具。准确地说，应该称为“饮食器”、“饮食具”，但在本书中采用习惯说法，将其简称为“食器”、“食具”。

人类与大多数动物一样，进食都是从口食（用嘴直接撮）开始的。可是，人类为什么发明了食具？又为什么在地球上不同的地方使用着不同的食具？让我们先来探讨一下它作为文化符号的意义。

第一章

最初的文化冲突

众所周知，日欧最初的接触是在天文十二年(1543)。从暹罗(泰国旧称)去往中国的一艘帆船，在途中遇到了风暴，漂流到种子岛(九州南端)的南端门仓岬。几年后，应岛主种子岛久时的请求，萨摩大龙寺院的禅僧南浦文之撰写了著名的《铁炮记》[庆长十一年(1606)]。据《铁炮记》中记载：当时在船上的除西南蛮人贾胡(外国商人)外，还有牟良叔舍和喜利志多侘孟太两人。不仅如此，根据安东尼奥·加尔文[1]撰写的《诸国新旧发现记》(1563)中的记载：他们漂流到种子岛[2]的时间是1542年，并列举了牟良叔舍和喜利志多侘孟太、安东尼奥皮索托等三人的名字。年代姑且不说(因为按现在的基督教学的观点，可以认为文之和尚的记述是正确的)，但在二者的论述中，其中两个人的名字吻合。船上共乘坐百余人，当然语言不通。刚好船客中有个自称是大明儒生、名叫五峯的人(实为倭寇

1. 安东尼奥·加尔文(Antonio Calvin)，葡萄牙驻摩鹿加殖民地总督。——译者注
2. 种子岛：位于日本九州岛以南。——译者注

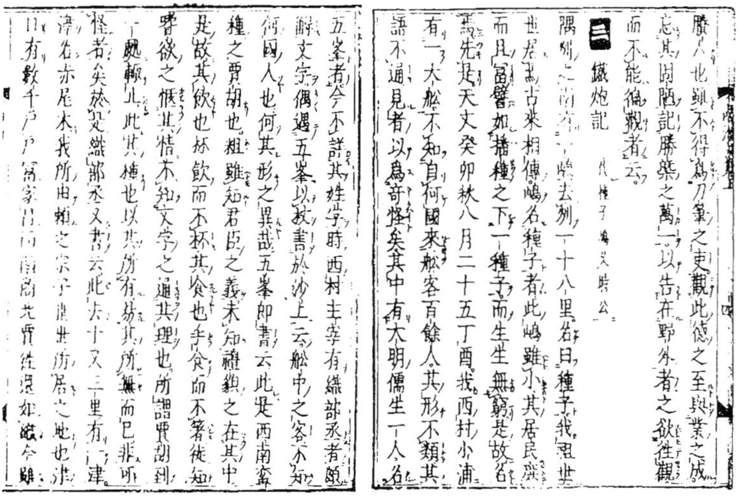

賸六七雖不得為刀筆之吏觀此徳之至與業之成
忘其固陋記勝槩之萬一以告在野外者之欲往觀
而不能徧觀者云
鐵炮記　代種子島久時公
隅州之南有一嶋去州一十八里名曰種子我祖
世居焉古来相傳嶋名種子者此嶋雖小其居民庶
而且富譬如播種之下一種子而生生無窮是故名
焉先是天文癸卯秋八月二十五丁酉我西村小浦
有一大船不知自何國來船客百餘人其形不類其
語不通見者以為奇怪矣其中有大明儒生一人名

五峯者今不詳其姓字時西村主宰有織部丞者頗
解文字偶遇五峯以杖書於沙上云船中之客不知
何國人也何其形之異哉五峯即書云此是西南蠻
種之賈胡也粗雖知君臣之義未知禮貌之在其中
是故其飲也杯飲而不杯其食也手食而不箸徒知
嗜欲之愜其情不知文字之通其理也所謂賈胡到
一處輙止此其種也以其所有易其所無而已非所
怪者矣於是織部丞又書云此去十又三里有一津
津名赤尾木我所由頼之宗子世世所居之地也津
口有數千戸戸富家昌南商北賈往還如織今雖

图1-1　《铁炮记》(山内昶,1994)

的头目王直[1]),他在沙滩上与主管织部的副官西村进行了笔谈,被认为可能知道了事情的大概经过。

常被提及的《铁炮记》(见图1-1),是记载洋枪传入日本的珍贵资料,其价值备受瞩目。它从作战战术到筑城技术、钢铁工业,都给日本带来了军事、政治、经济上的大变革。此外,它还从饮食文化的角度记述了许多颇有意思的事例,这一点鲜有人知。

西域胡人曾记录道:"虽大致知道君臣之义,但不懂礼貌,故此,喝酒不用杯,用手捧着喝;吃饭不用筷子,用手抓着吃。"不用杯子,用手捧或直接对瓶喝;不用筷子,用手抓着吃。种子岛的人们被这些不知礼节、野蛮家伙们的上述行为给惊呆了。可以说,日欧的文化交流是从进餐方式(用手抓着吃和用筷子吃)的对立开始的。

---

1. 王直:徽商,军火走私商。——译者注

日本的用餐礼仪

使用筷子的国度

在此后长约一个世纪的时间里，有很多西方人陆续来到日本，不论是商人还是传教士，无不对日本人的进餐情景惊叹不已。最早关于日本的记载出现在葡萄牙的船长乔治·阿尔瓦利斯[1]在《日本情报》（1547）上的描述中：

> 他们像摩罗人那样坐着，像中国人那样用筷子吃饭。每个人都把食物盛在碗里吃，碗有陶瓷的、有涂漆的，涂漆的都是外边涂黑色，里边涂红色。夏天喝热的大麦茶，冬天喝用各种草制成的饮品（我不知道那是些什么草）。他们不论是冬天还是夏天，决不喝凉水（岸野久译，1989年）。

这是乔治·阿尔瓦利斯在鹿儿岛山川港的见闻。因为他在那儿只滞留了大约半年的时间，所以，他的看法难免给人一种管窥之见的感觉。不过，他对当时萨摩庶民所使用的餐具及饮品与西方完全不同的记述，是准确无误的。因为陶器以及外涂黑内涂红的漆碗等食具现在仍在使用，至于乔治为什么对使用筷子吃饭没有感到太惊讶，那是因为他早先一直在中国沿岸从事贸易活动，对此已经见怪不怪了。最后谈到的日本人不论冬夏都不喝凉水的习惯，从16世纪的其他资料中也可以得到证实。

下面即将登场的是大名鼎鼎的路易斯·弗洛伊斯[2]神父。他曾在日本逗留34年，是个日本通。他曾编撰过《日本史》，还写了很多报告和书信，为向西方国家介绍日本文化立下了汗马功劳。他撰著的《日

---

1. 乔治·阿尔瓦利斯（Jorge Alvares），与曾在日本传教的西班牙传教士圣方济各·沙忽略关系亲密，曾为圣人访日做出巨大努力。——译者注
2. 路易斯·弗洛伊斯（Luís Fróis），葡萄牙天主教传教士。——译者注

欧比较文化论》(1585)书稿,曾被埋没了很久。书中关于日欧文化的对立性的论述,多达611项,可以说,这是世界上最早的日欧比较文化理论。关于使用筷子进餐一事,他这样写道:

> 三—6 在我们那里,4岁的孩子还不会用自己的手吃饭,而日本的孩子从3岁起就开始自己用筷子吃饭了。
>
> 六—1 我们不论吃什么都是用手抓。而日本人不论男女,从小就开始使用两根木棍吃饭。(1973)

种子岛人第一次看见葡萄牙人的进餐方式时感到十分惊讶,而这次让葡萄牙人受到文化冲击的却是种子岛人。如路易斯·弗洛伊斯所说的那样,直到这个时期,在西方除极少一部分上流阶层外,多数人还是用手抓着吃。手指灵巧的日本孩子3岁时就能自如地使用筷子,而笨拙的西方孩子4岁还不能很好地用自己的手吃东西,弄得到处都是,显得脏兮兮的,最后还得靠大人喂着吃。因此说,用筷子进餐和用手进餐的对立也是清洁与不清洁的对立。

清洁的进餐情景

范礼安[1]作为印度(当时这个词是指整个亚洲)的巡察使曾三次造访日本,共计在日本逗留九年半。他在《日本巡察记》(1583)中,关于安土桃山时代用筷子进餐的情景,是这样描述的:

> 对日本人的进餐方式以及菜肴、汤类的做法简直无法理解,处处都保持得那样清洁,其庄严、郑重的进餐方式与我们的进餐方式毫无相似之处。所有人都在各自的餐桌上进餐,诸如桌布、餐巾、餐刀、叉子、勺等一类的东西一概不用,只使用被他们称之为"筷子"的两根小木棍,手完全接触不到食物,筷子使用得十分自如。面包放在盘子

1. 范礼安 (Alessandro Valignano),耶稣会意大利籍传教士。——译者注

里，连一块面包渣都不会掉落在桌子上，极其清洁。而且彬彬有礼、很有礼貌地进餐。进餐时的礼节，也有毫不逊色于其他任何事物的规则。他们最大的爱好是，喝我们认为有害健康的，用大米酿造的酒，并且，饭后不论冬夏都喝热水。热水相当热，如果不是小口喝，就喝不下去。关于他们的食物和烹调方法，不论材料还是味道，都与欧洲毫无共同之处。想要适应他们的饮食，就必须经历一番努力和痛苦。

的确，日餐与西餐的风格完全不同，当年有很多传教士因难以适应日本简单的饮食而退缩，如努内斯[1]神父就因不习惯日本的饮食而生病，最后回到印度。不过，沙勿略真不愧为圣人，他为了净化自己的心灵，经受住了神赋予他的禁欲和苦行的考验，一直坚持了下来……

与前面的路易斯·弗洛伊斯的记述略有不同，当时的欧洲已经开始使用三件组合了。这是因为范礼安出生在那波利，当时意大利受拜占庭帝国的影响，较早地开始使用叉子了。无论怎么说，那个时期，正是画家提香·韦切利奥[2]、保罗·委罗内塞[3]、顶托列托[4]等活跃的时期，他们使文艺复兴闪耀着最后的光芒。特别是在威尼斯、罗马学习之后，他们作为有地位的传教士（牧师），一定有过被邀请参加贵族阶级豪华宴会的经历。尽管如此，他们仍认为日本人清洁、礼貌、用筷子进餐的情景是值得称赞的。

其原因是，当时的日本，除庶民外，每人一个餐桌、一套餐具，一双筷子的分桌分餐制已经确立。当然，所谓的桌子，也不过是用柏树木板做成的方形的、上面带沿儿的托盘而已。不过种类也很多：有没腿

1. 努内斯 (Melchior Nunes Barreto)，葡萄牙天主教传教士。——译者注
2. 提香·韦切利奥 (Tiziano Vecellio，1490—1576)，被誉为西方油画之父。——译者注
3. 保罗·委罗内塞 (Paolo Veronese，1528—1588)，是意大利文艺复兴时代的画家。——译者注
4. 顶托列托 (Tintoretto，1518—1594)，16世纪意大利威尼斯画派著名画家。——译者注

方形的、有带腿方形的还有把方桌的四个角锯掉的，还有带腿并有四个角的方桌等。人们把盛有饭菜的碗或盘子放在桌上，各自吃各自的（见图1–2）。而且因为使用筷子，他们吃饭自然不会弄脏手，也不会弄脏衣服和榻榻米。

当时，处于同一时代的西方，在进餐时的特点是，大家都围坐在一个大餐桌周围，餐桌上放着一个盛满各种食物的大盘子，大家共用一把餐刀，竞相切取着吃，其场面宛如一群狮子你争我夺地大口吞食猎物。狮子因为是口食动物无法怪罪。只是，人用餐终归需要盘子（吃碟）的，只是，他们并不是人手一个盘子。从前，人们是在餐桌面削出一个洼儿，把食物直接放在洼儿里，可是，由于被切割过的桌面很容易损坏，后来就把面包切成薄片儿，来替代盘子。可是，即使放久一点的面包会比较坚硬，但面包毕竟是面包，在菜汁和油的浸泡下，很快就会瘫软得不能用了。此外，人们由于是用手直接抓食物，所以手指、袖口

图1–2 《酒饭论画卷》，室町时代，茶道资料馆收藏（《全集・日本饮食文化》第7卷）

都很容易脏。还有，因为不能用了的面包片连同骨头、食物残渣等也都被一起扔到地板上。所以，正如中世纪宴会图中所描绘的那样，餐桌下面有许多条充当清道夫的狗，如图1-3所示。

其实，更令人惊讶的是，这种进餐习惯在欧洲的农村，一直持续到20世纪的前半叶。法国的历史学家罗贝尔（Robert Muchembled）在他的著作《近代人的诞生》（1997）中写道，在他曾祖父的时代（19世纪中叶），在阿图瓦地区的农村："家家户户的大桌子的中央位置都凿有一个洼儿，用餐时，食物不是放在各自的盘子里，而是让食物淌进桌上的洼儿里，大家就直接从洼里用嘴撮食物吃。"

1935年，人们在印度进行了一次大规模的生活文化调查，针对"大家都一起从放在桌子中央的大盘子里取食物吃吗"的问题，调查人

图1-3　12世纪用餐情景，期待食物掉落的狗。巴黎国立图书馆收藏(Madeleine Pelner Cosman，1989)

员从东北部的波美拉尼亚（现在的波兰境内）的农村，得到一份令人十分惊诧的答案。

> 大约在二十四年前，我看到了下面的情形：那是在一个农家吃晚饭时的情景（吃的是煮的带皮的土豆和鲱鱼）。大家都围坐在一张大餐桌的周围，桌上铺着一块黑乎乎的自家纺织的粗线亚麻桌布，上面没有一件如盘子、叉子、餐刀等之类的餐具。过了一会儿，一位姑娘端上来一锅煮好的土豆。这时坐在桌前的人们扯起桌布的四个角高举起来，姑娘顺势将土豆全部倒在了餐桌上。摆在大家眼前的是没洗过的鱼和没削皮的土豆。大家就用自带的小折刀开始吃了起来。

这个调查的结果，后来以《欧洲民俗学地图》为名成书出版。书中印有一张珍贵的地域分布图。图中按照不同的饮食习惯，分别显示了如下几个地域：有众人在一个共用的大盘子里吃饭的地域；有把食物放在自己盘子里吃的地域；还有介于两者之间的地域。因为没看到原版的地图，所以只好借用南氏书中的同一地图（见图1–4）。从这张地图中可以看出在同一地域里存在着生活时间的多重性：有自中世纪以来，时间一直处于停顿状态的地域，有时间急速流淌的地域，有处于两者之间的地域。仅就饮食方式而言，中世纪的日本应该与20世纪30年代工业发达的德国的大都市处于同一时间位置。

严格而繁琐的进餐方式

不过，令西方人惊讶的不仅是日本人清洁的进餐方式。正如范礼安在书中写的那样："进餐的礼节，有毫不逊色于其他任何事物的规则"。当时的朝臣以及武士阶层用餐时，有极其严格而繁琐的规矩。一位名叫阿维拉·吉隆（Avila Giron, Bernardinode）的西班牙商人，他从1594年开始在长崎生活了大约20年。他在《日本王国记》（1598—

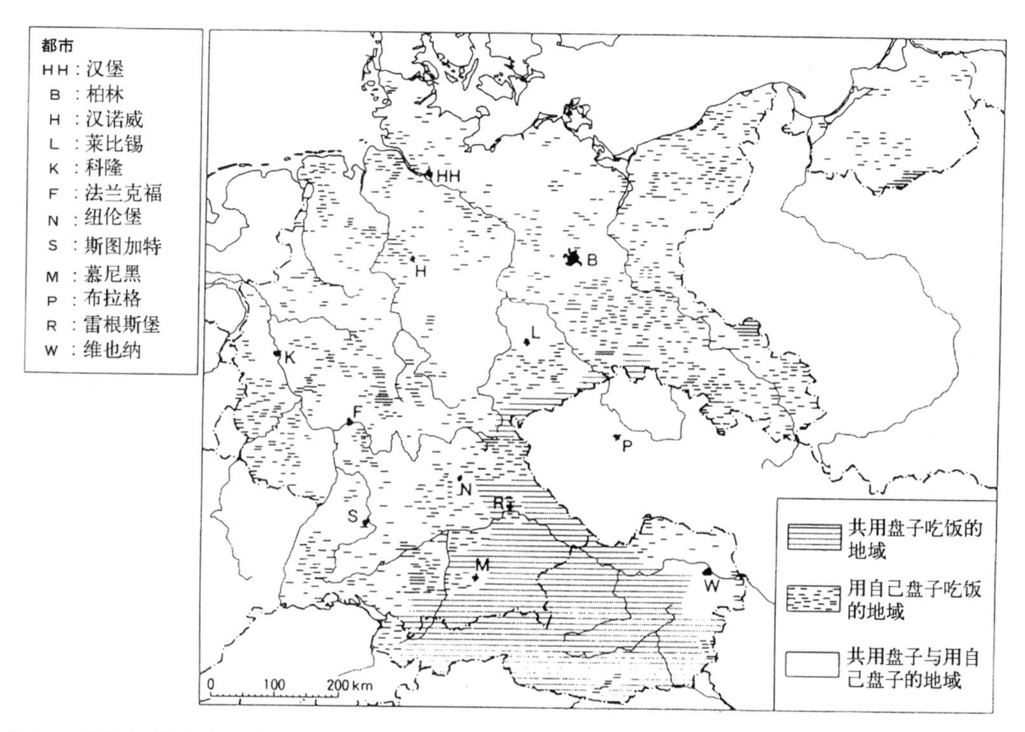

图1-4　进餐方式的分布图(南直人,1998年提供)

1615）中，关于日本人的进餐方式，是这样记述的：

> 在进餐时也要讲究顺序，不是随便从哪儿开始都可以的。首先，用一只手拿起筷子，把筷子尖在餐桌的内侧顿一下。然后，端起饭碗吃三口后，再照原样放下饭碗，不能把饭碗放在其他地方。接下来，端起盛有汤或炖菜的小碗喝一口汤之后，放下汤碗，再端起饭碗吃两口饭，然后放下饭碗，拿起汤碗喝一两口之后，再第三次端起饭碗，这次只能吃一口。最后根据个人的意愿，喝汤或吃其他的东西，直至吃饱或把东西吃光为止（1973年）。

在此，需做一点说明。根据《日葡辞典》（1603）中的解释：饭碗是指盛饭的木制碗。小碗原为喝酒用的木制小碗。不过在这里，小碗指盛汤用的小型汤碗。但是，吉隆上面的记述，与小笠原正清在其著作《食物服用之卷》（1504）中所描述的用餐礼仪并不一致。

> 用餐过程。用左手拿起筷子，然后换到右手（奇妙的是女人及未成年男子必须用右手取筷子，口传。）端起饭碗吃一口饭，然后放下，再端起汤碗，只吃汤中的菜，然后放下汤碗，再吃饭，再端起汤碗喝汤，之后吃汤中的菜。

但是，室町时代以后出版的各种礼仪书籍（如《今川大双纸》、《宗五大草纸》、《礼容笔粹》等），对进餐方式的记述出现了很大差异，这大概是因为时代、流派的不同，而对进餐的要求发生了变化的缘故。总之，在用手抓着吃的西方人看来，日本人的进餐方式是极其繁琐且不可思议的。

下面介绍一下酒的饮用方式。根据陆若汉（João Rodrigues，17世纪葡萄牙传教士）的《日本教会史》（1620年以后）中的记载：酒宴是表示荣誉、敬意、友情以及盟誓等重要的仪式，因此对酒杯有着严格的要求。首先，要根据身份、规格、时间、地点、情况等选择不同的酒杯，一般酒杯分为五种。其次，对酒杯的摆放也有不同的要求，一般分三星、五星两种。再有，对取杯的顺序也有着严格的规定。如小笠流派对三星（顶角朝前的三角形排列）酒杯的取法是，先取前方的，然后取右边的，最后取左边的。不过，即便是主人敬酒，也不能端起来就喝。负责传送酒杯和酒的侍童看到主人的示意后才走过去，吉隆是这样记述的：

> 端着酒杯来到客人面前跪下，然后为客人摆上酒杯。这时，不论客人的身份如何，即便是主人的同级，甚至地位高于主人，他们也都不能就此喝下。而是应顺势把餐盘接过来，举过头顶，再放下并交还给侍童，接着让侍童把餐盘端到主人那里。之后，即便侍童再次把餐盘端到客人这里，客人也绝对不能先于主人喝下。必须把主人当做殿下对待，等主人喝完之后，才能接过餐盘，并举到头顶，之后再把餐盘放在榻榻米上，然后只把酒杯拿在手里，再一次举过头顶，之后用嘴唇舔一下酒杯，再把酒杯放在餐桌外围的榻榻米上。接下来两手手心朝下伏身向主人行礼，之后端起酒杯再次举过头顶，目视着主人把酒喝下去，意思是说我不客气了，于是对方回敬道“请用”。

可以说，这简直就是一种空洞无味、繁琐至极的形式主义。可是，客人如果一旦出现差错就会落得个无礼之徒的罪名，甚至导致白刃相接。由此不难看出，这种遵从酒令的饮酒形式，已成为礼节、忠诚、信义等抽象观念的符号。

另据《食物服用之卷》的记载，日本人助兴饮酒的方式有：一露饮（一口喝下，杯中只剩一滴）、一字饮、泷饮（真正意义上的干杯、一滴不剩）、鹰饮（五杯一组，连喝两组，先喝干者为胜），甚至还有“藤花饮”等喝法（见图1–5）。所以，当种子岛的人们看见葡萄牙人用手捧着喝或用舀子喝，有的甚至对着壶嘴儿喝酒的情形时，认为他们是南部来的野蛮人（南蛮人）也不为过。

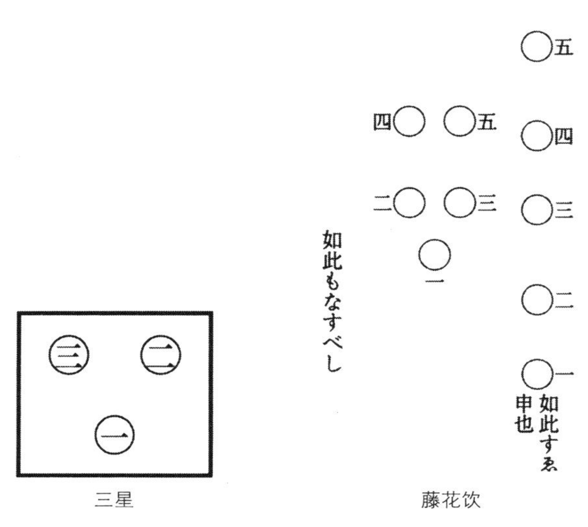

三星　　　藤花饮

图1–5　日本酒杯摆放规定

西方的餐桌礼仪

津田塾大学的创办者——津田梅子凭借她多年在美逗留的经验和见识，于明治三十四年（1901），在某杂志上发表了一篇题为《泰西礼法》的文章。文中谈到她被邀请参加酒宴时的体会。从步入餐厅的顺序、就座的方式开始，到餐巾的用法、汤的喝法、面包的吃法、肉类食物的吃法，以及餐后的餐刀与餐叉的放法，鱼肉、煎蛋等不用餐刀的吃法等，逐条做了简要说明。津田梅子同时还介绍道：不仅餐刀、餐叉的用法有讲究，包括用勺喝汤也有严格的要求。例如不能像孩子似的弯曲着胳膊，竖起勺（与肩成90°角）往嘴里送，而应横着（与肩平行）从勺的侧面喝，等等。

日本人文明开化以来，为了不被西方人耻笑，当时的女性在学习西方的餐桌礼仪上，不知付出了多少艰辛的努力，现回想起来仍令人感慨。不仅如此，直到二战以后，女子大学在学生临毕业前，为让学生学习到法国料理的餐桌礼仪，甚至特意在宾馆举办培训活动。于是，通晓西方餐桌礼仪已然成为近代贵妇人（淑女）的重要标志之一。也就是说，在近四百年的时间里，东西方餐桌礼仪的地位高低发生了大逆转，完全颠倒了。

之所以这样讲，是因为繁琐的形式主义弥漫着整个日本。而当西方的天主教徒到日本传教时（室町时代天文年间，约在1532—1555年），西方还尚未确立餐桌礼仪。他们的进餐方式仍处于低俗、不洁净、杂乱无序的状态之中。下面就让我们简单、粗略地来回顾一下那个时期的西方进餐方式。

古希腊－罗马的传统

众所周知，在古希腊-罗马，男性是躺在卧台（专为躺着吃饭设计的台子）上，用手抓着食物（放在矮桌上的）吃的。据说，这种卧宴风俗很有可能来自中东或近东地区的阿拉姆族人。如图1-6所示亚述巴尼拔国王和王妃为庆祝战争胜利所举行的庆功宴的场面，此图于公元前7世纪，由浮雕工匠发现于尼尼微，而且被认为这就是西方最初的卧宴图。

在古希腊，人们进餐时已开始使用餐刀，但因为躺着进食，餐刀用起来不方便，所以大都还是用手抓着吃。据奇书《餐桌上的圣人们》（约二三世纪）的作者，古希腊人阿瑟那伊俄斯的记载：拉岛的诗人菲洛克斯诺斯为了练就用手抓热食物的本领，背着人在澡堂里把手伸进热水里或用热水漱口。苦练的目的就是为了即便是冒着热气的食物，也能比别人先吃到嘴里。其中还出现了诸如以美食家著称的皮帝劳斯那样的奇人，使用指套，随身携带用薄膜制作的舌套，甚至还有“以

图1-6　举杯庆祝胜利的巴尼拔国王和王妃。尼尼微出土，公元前7世纪，大英博物馆收藏

备特别想尝试之时，保护舌头，平时就把舌套套上”，在饭后用晒干的鱼皮将其擦拭干净的人。这样做，手指和舌头就可以得到防护，可是咽喉是否会被烫伤，阿瑟那伊俄斯对此没有记述。

古希腊的卧台，供单人用的有比较矮的靠背，上面放有软垫，所以即便是躺着，如有必要两手也可以自如地使用。但罗马的卧台，则必须靠一侧肘部支撑身体，不便使用餐刀。那么，肉就必须切成大小合适的块儿，所以，切肉就成了主人的重要任务，当时甚至出现了教授贵族子弟切肉技术的专门学校。当然，在王侯贵族的宴会上有专门切肉的侍者，但是，一家之主把肉切好后分给客人，是象征着热情、友好的行为，因此，在西方它与手食传统一起长久地延续了下来。

但是，躺着进餐的习俗后来逐渐被废弃，从加洛林王朝[1]末期到10世纪，人们已经开始坐在椅子上进餐了。其原因是，那些坐在地上进餐的野蛮的（根据当时的表达）日耳曼民族侵入罗马，并逐渐消灭了罗马帝国。因此，在墨洛温王朝[2]时期，西方仍处于躺着进餐和坐在椅子上进餐并存的时期。

不过，对上述说法也存在一些争议，有人认为进餐方式的改变，是因为罗马秩序崩坏，使得坐在椅子上进餐的女性逐渐强大；另有一些人则认为是吃大块烤肉坐在椅子上比较方便的缘故；也有人认为是由于基督教的影响力扩大，所以人们模仿坐在主教席上的主教等，众说纷纭，而其真正原因不得而知。

虽然原因不明，但至少可以推测，人们的进餐方式从悠闲自得地躺着吃转向坐着或时常站着的方式的转变，意味着罗马从和平世界日益向战争动乱、野蛮与暴力的世界转变。因为，一旦发生紧急事态，必须马上拿起武器迎战。

直至12世纪，各地群雄割据，各领主的收入来源，主要靠从战争中获得的战利品：掠夺农民、商人的财富，袭击、抢夺路人的钱财等所得。“不论走到哪里，城主都是同样的残忍，都是从事强盗勾当的野蛮、粗俗的武士。他们时而奔赴战场。时而出现在赛马场。和平时期他们热衷于打猎，把钱财挥霍完了，就去欺负农民，勒索近邻，要么就是袭扰教会的领地”。这是直至12世纪末，关于法国的一些记录。然而，把猎取来的猎物囫囵地烤熟后，暴饮、暴食的这些低级、粗俗的武士，却是当时人们心中的理想骑士。在12世纪初叶，法国的武勋诗《纪尧姆之歌》中唱道：“食硕大的野猪大腿肉，两次喝干半升酒”，年轻的杰拉德作为理想的勇者受到称赞。

---

1. 加洛林王朝 (Carolingian dynasty)，自公元751年起统治法兰克王国。——译者注
2. 墨洛温王朝 (Merovingian dynasty)，自公元481—51年统治法兰克王国的第一个王朝。——译者注

不洁净的进餐情景

大约在同一时期，西方开始对当时的这种不洁净的餐桌礼仪进行讽刺、批判。例如在法国，早在12世纪，圣维克托的雨果[1]就在其著作《关于新教育》中，嘲弄、取笑了粗野的进餐方式。到了13世纪，著名的《蔷薇故事》中有如下的诗句："不要让辣酱油污染到了手指的关节处；不要将油、汤，以及大蒜的荤气味留在嘴唇上；吃肉片时，不要把肉片堆积如山，不要把嘴塞得太满。"此后，下列著作相继问世：德国的汤豪舍[2]的《宫廷礼式》(13世纪)；法国的用拉丁文撰写的韵文《餐桌上的举止》(14世纪)；英国的约翰·罗素[3]的《养育书》(15世纪)；意大利的德拉·卡萨[4]的《加拉泰奥》(16世纪)；荷兰的伊拉斯谟[5]的《少年礼仪》(16世纪)等。这些著作作为上层社会的必读书籍，意味着"对野蛮的驯化"已经拉开了序幕。

这些著作读起来都很有意思。因为里面列举了很多有关警告、禁忌以及违反礼节的事项等。人们之所以撰写这些礼仪著作，就是因为在现实的生活当中充斥着许多不知礼节的行为。诺博特·伊里亚思[6]的《文明化的过程》(1977—1978)经常被人引用，现将书中关于文艺复兴时期西方的进餐情景再现给大家。

首先，书中提醒人们如果被邀请参加宴会，"要认真地剪好指甲，除净里边的污垢，必须把手洗干净"。这说明平时人们就餐时，不洗手，一双双脏兮兮的手从四面八方伸向大盘子抓取食物。并且伊里亚

1. 圣维克托的雨果 (Hugh of Saint-Victor, 1096—1141)，12世纪神秘主义美学代表人物。——译者注
2. 汤豪舍 (Tannhuser)，德国的抒情诗人。——译者注
3. 约翰·罗素 (John Russell)，政治家。——译者注
4. 德拉·卡萨 (Giovanni Della Casa)，作家，神职人员。——译者注
5. 伊拉斯谟 (Desiderius Erasmus)，16世纪欧洲人文主义运动主要代表人物。——译者注
6. 诺博特·伊里亚斯 (Norbert Elias)，当代德国社会学家。——译者注

思还指出：喝汤时，是把汤盛在一个深碗里，顺次转到每位用餐者的跟前，“这时如果有人抢起汤碗，疯狂地大口喝起来，这种直接端碗喝的方式，就是不礼貌的行为”。而用勺喝汤是高雅的，但是，依然有人把放进嘴里的汤勺不经过擦拭就重新放回汤碗，然后再传给下一个人，还有人竟然把喝到嘴里的汤，因为嫌太热又慌忙地吐回到汤碗里，然后满不在乎地把汤碗递给下一个人。

既然制定出如此详细的规定与禁令，说明上述现象是真实存在的。还不只局限于喝汤。还有“把咬剩下的面包片儿扔进汤碗里的”，也有“把骨头放在嘴里吸吮完了之后又放回汤碗里的”，对此，高雅之士都被劝告要注意自己的进餐行为。纵使到了1672年以后，安东尼·德·库尔丹在其著作《新礼仪指南》中，仍有如下记述：“从前，把食物中不能吃的部分，巧妙地从嘴里吐出来，然后丢在地上也算不了什么，但在今天看来，这是非常不雅的举动。”由此可见，当时，人们把骨头或者吃剩下的部分随便扔在地板上的现象仍然存在。

除此之外，甚至还有“不准往餐桌上吐唾沫”、“不准隔着餐桌吐唾沫”之类的禁令，这说明当时也存在从餐桌的对面将唾沫和鼻涕飞溅过来的现象。因为16世纪手绢还没有普及，人们不是直接用手擤鼻涕，就是用桌布或衣袖揩鼻涕。书中甚至还提出了下列注意事项：“为了不使饮品被油脂污染，在喝之前一定要把嘴擦干净”、“就餐过程中不许用餐刀剔牙”、“不许用手掏耳朵、揉眼睛、挖鼻子”等。可以看出，上述现象是比较普遍的。

其中还有：“不许躺卧在餐桌上”、“不许放屁”等十分滑稽的注意事项。关于后一个注意事项早在佩特洛尼乌斯[1]所著的《萨蒂利孔》

1. 佩特洛尼乌斯 (Petronius)，古罗马讽刺作家。——译者注

（1世纪）中，曾有提及。据传记作者苏维托尼乌斯[1]讲述，克劳狄乌斯[2]一世曾为是否要公布关于"在酒宴中，有屁实在憋不住或有可能憋坏身体时，有声的、无声的屁都可以放"的敕令而纠结。最终，克劳狄乌斯一世发布了允许放屁的敕令，因此他也就成为历史上唯一发布此敕令的皇帝。在古罗马，人们对掌管放屁的神的崇拜，一直持续到16世纪。20世纪初的一位哲学家兼诗人说：直到最近"人们大都不介意在餐桌上放屁，以及用餐巾擤鼻涕"。1530年，伟大的人文主义者——伊拉斯谟[3]建议道："如从前的谚语里所说的，如果放屁了，可以用咳嗽声来掩盖之。"

与伊拉斯谟持同样观点还有蒙田[4]，他的进餐方式似乎也不太高雅。他在自己的《蒙田随笔》（1580—1588）中这样写道："没有餐桌布也不会影响我的进餐，德国式的进餐，若没有白色的餐巾会感到很不自在。而我比德国人、意大利人更容易弄脏餐巾。我基本不用勺、叉子等食具……像我这样狼吞虎咽的吃法，既有害于健康，又体验不到进餐的乐趣，而且吃相也不好看。我因为嘴急、吃得快，所以经常咬到自己的舌头，有时还会咬到手指。"

这种极不洁净的就餐景象，与处于同一时代的日本形成了鲜明的对照，并一直持续到18世纪。例如，1624年奥地利帝国发布了有关宴会的规则，并要求年轻的将校军官必须严格遵守。规则里这样写道："参加宴会时，服装必须整洁；不许出现醉态；不能吃一片肉，就喝一口酒；每次喝酒前，必须把胡须以及嘴角擦干净；不许舔手指；不准往

1. 苏维托尼乌斯 (Gaius SuetoAnius Tranquillus)，是罗马帝国早期的著名传记体历史作家。——译者注
2. 克劳狄乌斯 (Tiberius Claudius Nero Caesar Drusus)，罗马帝国第4任皇帝。——译者注
3. 伊拉斯谟 (Desiderius Erasmus，约1466—1536)，15—16世纪初荷兰思想家、哲学家、欧洲人文主义运动主要代表人物。——译者注
4. 蒙田 (Montaigne)，法国16世纪人文主义思想家、哲学家。——译者注

盘子里吐痰；不许用餐桌布擤鼻涕……”。这简直就像是对孩子的训话。圣约翰·喇沙[1]的《基督教徒的礼仪集》，自1727年以来，曾多次再版，直到该世纪末一直都非常受欢迎。因为据英国作家艾利亚斯·卡内蒂[2]讲，该礼仪集中有诸多注意事项和禁忌：

> 用餐巾擦脸是不礼貌的，用餐刀擦牙更不好，而用餐巾擤鼻涕是最不礼貌、最恶劣的行为。……当勺、叉子、餐刀脏了，或者是上边沾上油脂时，用舌舔是极其低俗的，而用桌布擦也算不上高雅的行为。……禁忌：舔手指；用手抓肉吃；用手指搅拌辣酱油；用叉子叉着面包片放在辣酱油里浸泡，然后吸吮等。可以说，没有比这些行为再脏的了。

由此可见，当时，人们在用餐时，若不是如此的不洁净、不懂礼节的话，也就没必要写这样的关于礼仪的书籍。不过，18世纪后期读圣约翰·喇沙这本著作的应主要是市民阶级。因为当时法国男女平均识字率大概是百分之四十左右，这个比例约是16世纪的3倍。资产阶级开始模仿贵族阶级的餐桌礼仪，旨在提高自己的社会地位。这时，三件组合已经出现在餐桌上了，但社会中一时旧习难改，用手抓着吃饭的现象仍屡有发生。

历史学家费尔南·布罗代尔[3]曾经说：“西欧在15世纪或者说16世纪以前，并没有名副其实的奢华料理或者说比较考究的饭菜。在这点上，比那些‘旧大陆’[4]里的其他国家要落后。”但是，仅就进餐方式而言，将人们文明就餐的时间订正到18世纪恐怕也不为过。

---

1. 圣约翰·喇沙 (Jean-Baptiste de La Salle)，法国教士。——译者注
2. 艾利亚斯·卡内蒂 (Elias Canetti)，英国作家。——译者注
3. 费尔南·布罗代尔 (Fernand Braudel)，法国年鉴派史学的第二代代表人物。——译者注
4. 旧大陆：指在哥伦布发现新大陆之前，欧洲人认识的世界，包括欧洲、亚洲和非洲。——译者注

拉撒

在此，顺便谈一下拉撒的问题。这只是为了区别日欧文化的不同，而绝非出于好奇或低级趣味。

人每天都离不开吃喝。如果从上面的口摄取了食物，就必须从下面的口把残渣排泄出去。若是将人生长度设定为80年的话，那么，在这期间所排泄出来的液体少说也得有40千升，而固体可达5~6吨之多。传统的经济学只重视商品的生产过程，而忽视对产生的废弃物的处理过程。结果造成了严重的自然破坏与环境污染，在饮食文化里情况也是如此。如果不把对废弃物的处理提到日程上来，就等同于无视粮食危机，这样就会发生一边倒的严重问题。就像严重的便秘长时间得不到缓解，就会形成肠道结石，进而引发肠梗堵。同样，若排尿不畅或排不出尿来，也很可能患上尿毒症而导致死亡。生命体之所以能在一定期间内，抵御住体内的无序化状态而存活下来，要用环境生态学的理论来说的话，这是因为摄入体内的是有秩序（或无秩序程度很低）的资源，而排出体外的是无秩序资源，这是新陈代谢在开放的循环系统中不停地得以顺利进行的缘故。

这是一个有伤大雅的话题，16世纪后半叶的西方，下开口处的排泄与上开口处的摄入同样非常不洁净。据艾利亚斯·卡内蒂讲，在宫廷内到处都张贴着令人惊讶的规定：

韦尼格罗德宫廷规约（1570年）：

> 不论何人，决不能像那些没去过宫廷或者没到过有规矩的家庭中的山野村夫那样，在女士的客厅、宫廷里的其他房间的门口、窗前等场所毫无顾忌、毫无廉耻地大小便。不论何时何地，所有人都必须仪表端庄，注意自己的言行举止。

布伦瑞克宫廷规约（1589年）：

> 不论何人，不管是用餐过程中，还是用餐前，或是用餐后，也不管

是夜里还是清晨，都不准在舞场、台阶、走廊以及室内便溺或用其他不洁净的东西玷污这些场所。大小便时必须去指定的场所。

早在罗马时代，西方国家还曾有过特别像样的厕所，可是16世纪的欧洲连宫廷里也不具备此类设施。甚至包括身着华丽服饰的贵妇人也毫不介意地在其附近的地方解决拉撒的问题。比利时的历史学家、作家让·克洛德·布洛涅（Jean-Claude Bologne），在其著作《羞辱的历史》（1986）中，关于法国的拉撒习俗，这样写道：

1578年，亨利三世胸部患病，于是，他下令每天在他起床之前清扫他的居所。1606年，亨利四世发出一道禁令，禁止在圣日耳曼宫廷内，不分场所随地大小便。然而就在命令发出的当天，他发现王太子在他自己房间的墙壁处小便。路易十四为了躲避粪便堆积如山、到处流淌的凡尔赛宫、卢浮宫、枫丹白露宫，想出了一个良策。即恢复巡回宫廷这一古老的做法，每个月搬一次，污染（用过）了这座城，再令人清洗另一座城。(1996年)

说起来，围绕凡尔赛宫内是否有厕所一事还展开过一场大辩论，结果证实：厕所数量不多，但是宫里确实有，只不过是大多数达官贵妇没用罢了。其中有一种说法：在那个呈几何图形的宽敞的庭园里，树木的布局成为了如厕时的天然遮蔽物。

法国幽默作家布兰特姆讲了一个故事：有一天，弗朗索瓦一世去他的一个情人家寻欢，当快乐完了之后感觉有尿意，于是他对着暖炉撒了一泡尿。悲哀的是，博尼提督此时正躲藏在（暖炉旁的）树叶堆里，因看见国王来了，他就慌忙藏了起来。“国王撒完尿，与夫人告别之后，走出了房间。夫人转身关上门，把情人（提督）叫到床上，为他点上炉子暖身子，之后给他穿上了白衬衫”。

路易十四的弟弟、奥尔良公爵的夫人帕拉蒂纳王妃出生于德国，性格直爽，因写过粪尿谭之类的文章而出名。下面是她写给伯母、选举候选人汉诺威的一封信:“世界骂声一片,枫丹白露大街上到处都是屎。……谁都能看见我们拉屎。男人、女人都从那里经过,男孩、女孩也都从那里经过,神父、瑞士的佣兵也从那里经过”。(布洛涅)她在户外、在行人的注目之下挽起裙摆。即便是这样,她仍时常要接受“黄金液体”的洗礼。

所以直到最近,巴黎还常被外国的观光者称为“大小便之都”。据说巴黎的古名就是来自拉丁文的“泥”字(笑谈)。因为家里没有厕所,人们晚上使用便器、尿罐子,早上把里边的屎尿从窗户口倒掉。当时的马路设计是两边高中间低,以便雨水的流淌。可是,由于每天都有大量的粪便堆积在那里,所以有时马车都会被陷住。此外,动物的尸骸和垃圾也都被统统丢在路上,冬天的时候,还只是臭气熏天,而到了夏天,全都腐烂了,水汽蒸发干了后,便是尘土弥漫,使人连眼睛都睁不开。全城所有的男女都对此不以为然,就像狗圈定自己的地盘一样,在马路上喷洒着属于自己的大大小小的香料。伦勃朗[1]就曾创作过一位妙龄少女在树荫下撒尿的场景的素描作品。自中世纪以来直到17世纪前后,无论在西方的哪个城市,都能看到类似的情景。

西方对食物的摄取与排泄完全采取随心所欲的态度,那么,日本又是怎样的状况呢?

当时,平城京[2]的西大寺和长屋王官邸已经有了厕所,而且是冲水马桶。到了平安时代[3],注意生活细节、讲究优雅的女士们在携带式便器里大小便,而且在使用前,在便器里铺上白沙,时而还要点燃熏香(因为本人没有亲自查阅平安时期的文献,但我记得谷崎润一郎确实

1. 伦勃朗 (Rembrandt),欧洲17世纪最伟大的画家。——译者注
2. 平城京:奈良时代 (710—794年) 的首都,现奈良县奈良市以及大和郡山市附近。——译者注
3. 平安时代:794—1192年。——译者注

写过这样的话）。不过，在镰仓时代[1]的《饿鬼草子》中，作者就描述了庶民特意穿上高齿的木屐在路边大便的情景。

图1–7 接受黄金液体洗礼的神职人员/中世纪版画（马丁·莫内斯蒂埃（Martin Monestier），1999）

因时代、阶级的不同，即便是一国之内，情况也不尽相同。但是，日欧在对待垃圾废弃物的处理上，基本观念则完全不同。比如，巴黎有时需要花费大量的人力、财力来清扫街道，把清扫出来的粪便运到粪尿处理场。然后，经过发酵、干燥，等到便于处理时，再将其装船经塞纳河倒进海里。伦敦似乎也是从14世纪前后开始利用泰晤士河，对粪便进行同样的处理。

可是，日本在安土桃山时代[2]，使废弃物回归自然的循环系统就已经建立了。在前面提及的《日欧文化比较》中，路易斯·弗洛伊斯[3]这样说道："我们是给清除粪便的人付钱，而日本人则是花钱买或者是用米来换粪便。"日本的做法：排泄→掏粪→积肥→作为有机肥料，撒入农田→农田作物→粮食，这种生态循环的经济运行模式已经建立起来。因此，当时世界上的大城市大阪以及后来的江户与巴黎、伦敦不同，粪尿污染问题基本得到了解决。人的粪便被高价回收，在京都甚

1. 镰仓时代：1185—1333年。——译者注
2. 安土桃山时代：1573—1603年。——译者注
3. 路易斯·弗洛伊斯（Luís Fróis），葡萄牙天主教传教士。——译者注

至还成立了粪便的专营机构。据说从官府、饭馆以及庶民家回收来的粪便，因其“原材料”的质量不同，所以价格上也有差别。京都的女人站着小便是出了名的，江户时代的小说家曲亭马琴[1]就亲眼看见过。不过与西方不同的是，在京都，每个十字路口都放有尿桶，人们都把尿尿在桶里，这样便于回收。不过，据说商家为取得放桶的权利，需支付一定的占地费用。

当然，因为在西方实行的是三圃式农业种植法[2]，所以只用家畜的粪尿作为有机肥料，可能也就足够了。然而，似乎这不是全部理由。西方人压根就没想过把自己的排泄物作为肥料使用，而是不惜花费人力将其处理掉。这种做法本身说明了他们要断绝与自然的联系，主张人类中心主义的意识形态。他们摒弃了诸如东方的那种做法，在厕所下面养猪（中国）、养鱼（东南亚），即通过食物链保持人与动物共生的自然关系。

从极不卫生的吃喝拉撒情景中，我们看到了他们的人类中心主义态度，确切地说是那种以自我为中心的利己主义思想。之所以这样讲，是因为当时的欧洲人认为，只有他们自己才具有上帝赐予的纯洁而神圣的精神实质，是真正的理性存在。他们相信：人拥有自己的自由，即为了维持生命，完全可以按照自己的意愿行事，这是神赐给的权利。因此，行使人的自由权利是善，阻碍便是恶。然而，这种不正当的自由权利的行使，结果是导致了冲突不断，甚至引发战争。正如英国政治家、哲学家霍布斯[3]所指出的：“自然状态下，总是所有人反对所有人的战争”（摘自《利维坦》，1651年）。要摆脱自然状态中“人对人是

1. 曲亭马琴，日本江户时代最出名的畅销小说家。——译者注
2. 三圃式农业种植法，即把所有的耕地分成三部分，一部分种冬季作物，一部分种夏季作物，另一部分休耕，目的是为了恢复地力。——译者注
3. 霍布斯 (Thomas Hobbes)，英国政治家、哲学家。——译者注

狼”的紧张关系，必须限制人类自身的恶性自由，构建契约型市民社会。从日欧开始接触以来，欧洲人频繁地撰写礼仪书籍，对洁净与肮脏、文雅与粗野、优雅与鄙俗等展开了两元对立的符号论辩论，恰恰体现了绝对的人本主义精神开始发生了变化，也意味着欧洲自然状态的文明化的开始。霍布斯在政治思想上所做的努力，德西德里乌斯·伊拉斯谟早他一个世纪，通过身体技法已经完成了。

而日本人在很早以前就制定出了繁琐而详尽的餐桌礼仪，但目的不是为了支配自然，而是尊重自然。将固定模式化的举止做到极致，也是为了融合自然，回归自然。从用“花”象征艺术极致的世阿弥[1]，到主张“写松学松”[2]的松尾芭蕉[3]，都体现了日本的这种独特的思想意识。关于这一点，后面再做详细的论述。

1. 世阿弥，日本室町时代初期的猿乐演员与剧作家。——译者注

2. 写松学松，人与自然浑然统一的思想。——译者注

3. 松尾芭蕉，江户时期的俳句家。——译者注

第二章
进餐方式的文化符号论

当种子岛的人们看到葡萄牙人用手抓饭，用手捧酒喝时，认为他们是南方的野蛮人。而在欧洲，以文艺复兴时期为起点，人们也开始意识到从前的进餐方式是低俗、不洁净、不懂礼节的粗鲁人的方式，并开始批判和矫正。如此一来，“如何吃”作为一种文化符号，它就一定具有某种意义。我在前面叙述过，进餐的基本形态有三种，下面就分别来探讨一下它们的文化符号的意义。

口　食

我们通常说的“马食”，即“牛饮马食”，是指暴饮暴食。因为它有像马一样地直接用嘴进食的意思，这在日本连同“犬食”一道被作为极其恶心的吃法而遭到人们的厌恶。

14世纪以来，世界各地至少有30例所谓野孩儿的记录。20世纪前叶，在印度的米德纳波尔发现了狼孩儿(女)卡玛拉和阿玛拉。据说在发现当初，女孩儿是爬着走，用嘴直接扑食生肉，像狗一样用舌头呱唧呱唧地舔水喝。由此可以说，她们具备了动物的特性，因为口食体现了动物本性。在前面列举的西方的礼仪书籍中，有很多“不可像动物一样地进食”的禁忌条款。下面介绍几个艾利亚斯（前揭书）书中的例子：

> “在进餐的时候，不许像海豹一样吐鼻息”；“不能把头伏在菜碗上面，像猪一样吧唧吧唧地吃”（都引自唐怀瑟）；“像鲑鱼一样吹气或像熊一样从鼻孔里发出哼哼声是很不雅的行为”；“很多人一入座就把手伸向菜碗，这是狼的行为”（伊拉斯谟）；“啃骨头不能像狗那样没有节制”，等等。鲑鱼的鼻息声粗不粗不太清楚，但却有这样的记载：最近从北欧到法国一带，到了鲑鱼成群结队地逆流而上的季节，那里的人们在这个季节里，每天都要面对鲑鱼或带有鲑鱼的菜肴，他们简直腻烦透了。

不论是东方人还是西方人，本来都是动物，也可能正因为如此，却厌恶、回避甚至拒绝自己身上的动物性，并极力想把自己变成动物以外的其他种类。总之，人就是这样奇妙的动物，但不管怎样，人如果拒绝了“吃”这种动物性，就无法生存下去。

口食的人们

之所以谈及人的动物属性，是因为人原本就是哺乳动物。人刚降生时，与其他哺乳动物的幼崽毫无两样，都是牢牢地叼住妈妈的乳头不放松。特别是人，因为在幼儿时期比其他动物的哺乳时间长，所以，用嘴吸吮（口饮）的时间也长。即便是母乳不好，而改用奶瓶进行人工喂养也同样。虽然供给源变了，但直接用嘴吸吮的行为并没有发生变化。

不仅如此，当人进入脱乳期，父母就像海鸟一样，将嚼烂的食物移至婴儿的口中，所以，嘴对嘴喂食的例子也不少见。长大后，当我们去登山等野外活动时，想必也会有直接用嘴喝清泉里的水的经历。在小学运动会上，不是也有把两手绑上吃面包的比赛吗？并且在西方，教徒是用嘴接受圣饼。在前面曾介绍过的礼仪集中，也有这样的记载："不准把嘴直接对着汤碗'吃'。"[1]之所以有这种警示，说明在现实生活当中存在着直接用嘴对着菜碗或盘子吃的现象。这里把"喝汤"的行为写成"吃"，是因为在法语里，现在仍把喝汤说成manger de la soupe[2]，而不说boire de la soupe[3]。英语里说eat soup[4]，而不说drink soup[5]。因为当时的汤与现在的不同，里面有很多菜类，与炖菜差不多。

我要在这里顺便做一下说明，日本人在16世纪时所说的"汁"与"吸物"不是同一类食物。前者为"日本的汤，汤里有一些蔬菜或其他食物"。而后者，根据《日葡辞典》的解释："是指与汤一起煮出来的一种附属菜肴，多作为下酒菜，或用以款待客人。"在江户初期的《料理物语》中，"汁"的部分与"吸物"的部分是分开写的，"汁"到任何时候都只能是主食米饭的副菜，"吸物"则是下酒菜。

总之，人一旦经过了口食期之后，就将拒绝口食行为，因为口食代表动物性，同时也是幼儿的标记。在西方，甚至把幼儿与动物同等看待。17世纪初期的詹姆士一世时期的某个作家就曾写道："所谓孩子，不就是长成人的模样的野兽吗？"而在约翰·摩尔[6]看来，幼儿的语言"与极其聪明的野兽相互传递的声音并无两样"（1617），所以在近代西方，等于没有孩子的存在。因为"当孩子不需要妈妈或奶娘照顾，如果断奶较晚的孩子，没几年也就到7岁了，而当孩子长到7岁以

1. 注：这里指餐桌中间的公用的大汤碗。——译者注
2. manger de la soupe：吃汤。——译者注
3. boire de la soupe：喝汤。——译者注
4. eat soup：吃汤。——译者注
5. drink soup：喝汤。——译者注
6. 约翰·摩尔 (John Moore)。——译者注

后，就与大人一样生活了”（阿利埃斯[1]，1989年）。如果说“口食”是孩子=动物的符号的话，那么，“手食”就是大人=人的象征。为此，手必须得到解放。

手　食

目前我们所知道的，最早的人类祖先是大约950万年前的古人猿，据推测，古人猿可能与类人猿是同一祖先，是否用两脚直立行走尚不清楚。用两条腿行走的最初的人类祖先，被认为是大约440万年前的拉密达猿人。后来，在300—200万年前开始制作石器，在约100万年前开始使用火。从前，正如恩格斯在他的论文《劳动在从猿到人转变过程中的作用》（1876）中所指出的那样，手的解放对人类来说是决定性的一步。它使大脑和语言以乘幂的速度快速发展。到了4世纪末尼撒的贵格利[2]就曾在他的《人的造成》中这样说道：

> 如果人没有手，那么，为了自身的生存，脸上的各个部分就会长得和四足动物一样。为了便于捋草吃，脸会变得细长而凸出，嘴唇粗硬而厚，鼻子变尖。为了便于用牙齿叼住食物，舌头会夹在牙齿之间，一定会多肉、坚韧而粗糙，与现在人们的舌头完全不同。狗以及食肉动物的舌头，之所以能将食物送到口腔中的两排牙齿间，是因为它们的舌头湿润，能把食物移向口腔的任意一方。如果人体上没有手，怎能发出有节奏的、清楚的声音呢？而且，嘴周围的结构也一定不会适宜于语言活动的需要。如果那样的话，人只能像牛、驴一样地叫，或发出野兽般的吼声。

1. 阿利埃斯（Philippe Aries），法国历史学家。——译者注
2. 尼撒的贵格利（Gregory of Nyssa），加帕多加教父。——译者注

从前都是手食

目前世界上手食圈的人口约占总人口的44%，使用筷子和使用三件组合的人口各占总人口的28%。不过，如前所述，其中存在混用和过渡的现象（见图2-1）。

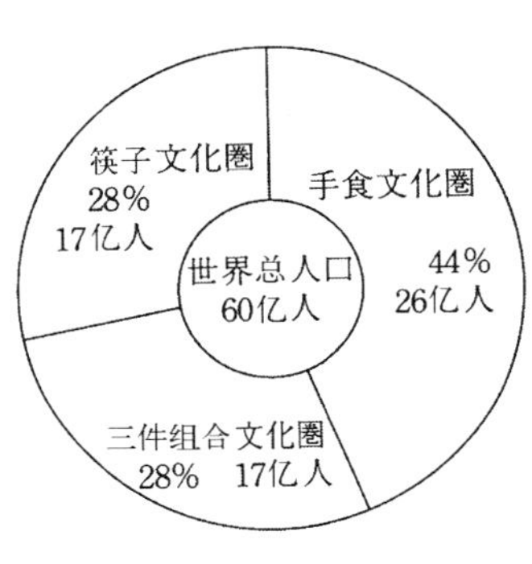

图2-1 世界的三大饮食方式

当然，在远古时期，全人类都用手食。有关欧洲的情况前面已做叙述，那么，日本的情况又是怎样的呢？在《魏志·倭人转》（3世纪）中有这样的记载："用餐时使用餐台，用手抓着吃。"在《隋唐倭国传》（7世纪）里也有这方面的记载："用餐时不使用器皿、菜板，而铺上柏（槲）树叶，用手抓着吃。"然而日本早在16 500年前就已制作出陶器，是世界上最早制作陶器的国家，所以上述的记载不可信。但是，在《古事记》中确有"用柏树叶盛满酒供奉给天皇（神）"，以及"设八十'膳夫'"等词句。由此可见，日本在古代把柏树叶作为器皿使用之事，是确切无疑了。

宫廷和神宫中负责膳食的部门被称为"膳司"，以及神社里备餐的地方被称为"膳殿"，这些叫法都与柏树叶有关，至今人们仍然习惯那样称呼。到神社参拜时的"拍手"动作，也是从"膳夫"的拍手的动作而来。这个拍手动作的意义是，新叶不出枯叶不掉，所以端午节吃的柏饼[1]就是为了图个吉利。或许可以说，柏饼在一定程度上保留了远古时期的特征。鸡的别名叫"柏"，据说这是因为鸡羽毛根部的颜色与柏树叶的颜色相似，均呈浅褐色。

1. 柏饼：用柏树叶包裹的一种黏点心。——译者注中国曾把用手进餐的倭人视为野蛮民族，那么，中国的情况又是怎样的呢？根据笔者对诸家的考证，《韩非子》（公元前2世纪）以及司马迁的《史记》（1世纪）里有这样的记载：殷（商）朝最后的一个皇帝——纣王，生活奢侈，纵欲无度，令人为其制作象牙筷子（纣始为象箸）。关于这个问题，我们后面再做详细论述。但是，在殷代（公元前1700—1100年前后）的青铜器上发现刻有两个人，正一左一右地用手抓盛在器具里的米饭的铭文——认为这就是“飨”字的来源——所以，由此可见，当时一般庶民应该是用手进餐的（见图2–2）。

今天，中国人仍将第二个手指称为“食指”。这一称呼来自《春秋左传》中郑国的公子宋的故事。公子宋在去见他的父亲郑灵公的途中，发现自己的食指忽然动了起来，于是他把手伸给同行的子家看，说：“过去我的手指出现过这种情况时，一定能尝到美味佳肴。”于是，当他们进宫后，果真看到厨师正在烹制楚人送给郑灵公的一只大鳖。[1]可见，在春秋时代（公元前770—公元前403年），人们用手进餐仍是很普遍的现象。不过，据中国饮食文化学者周达生（旅日学者）讲，在殷代中晚期的墓穴中发现了一些铜制的筷子。由此可以推测，那个时期可能是“手食”和“箸食”并存的时期。

图2–2　商（殷）代的青铜器（山内昶，1995年提供）

手食尚存

自几百万年前的原始时代沿袭下来的进餐陋习，欧洲人经过了几

1. 注：郑灵公把鳖肉羹赐给大夫们吃，却不给召来的公子宋吃。公子宋非常气愤，用手指在盛鳖肉羹的鼎里蘸了蘸，尝尝味道扬长而去。——译者注

个世纪的努力才逐渐地改掉。但令人难以置信的是，欧洲人真正完全放弃“手食”这种陋习，是在进入19世纪以后。1859年，法国出版了《社交界心得》一书，这本书虽然作者不详，但是在这本问卷调查形式的书籍里，提出了这样的问题：为什么欧洲人不用手吃？而对此的回答是：“因为他们的人种”就是一个很好的佐证。艾利亚斯（前揭书）也谈道：“18世纪末、大革命前夕，在法国上层社会，随着后来‘文明化’进程的逐渐推进，通用于整个社会的餐桌礼仪的标准基本形成。”

但是，这只限于上层社会，还没有渗透到一般庶民阶层。因为文明化意味着人们成为市民，知礼节、懂礼貌、优雅，因此，必须等待市民社会的确立。

然而，即便是市民社会，也有用手抓着吃的食品。从前在法国住的时候，我吃惊地看到巴黎人把买来的葡萄洗也不洗，就直接放进嘴里，并且连籽带皮一起咽下去。我当时的感觉，简直与威尼斯大使1618年看见伦敦市民在街头像山羊一样，为他们毫无羞色地啃食水果而感到惊愕。此外，如三明治、酒吧里的点心等食物，不光孩子，大人也用手抓着吃。但“怎么吃”是受食物的形状、性质制约的。比如极热或极冷的食物，液体以及黏手的食物，在吃的时候就必须使用器具。比如说，都是米做出来的饭，温带种植的米黏手，但热带、亚热带种植的米就不黏手，因而可以用手抓着吃。

不过，最常见的手食食物，莫过于每餐必不可少的面包。虽然在日耳曼系各国，有在面包片上涂抹各种调味汁或放上火腿、奶酪，然后用餐刀、餐叉切着吃的习俗。不过，有人认为这种吃法是从前把菜肴放在面包片（当盘子用）上，切着吃的习俗留下的痕迹。但是关于从前的面包片，前面也曾提过，是用过期的面包片，比较硬，一般是用来喂狗或施舍给穷人的。那么今天，西方人为什么只有在吃面包的时候，还像野蛮人那样用手吃呢？

面包必须分享

根据舟田詠子的优秀著作《面包文化史》(1998)中的记载，古埃及人被称为“吃面包的人”。至今，他们仍把平常吃的面包称为“我们的生命之源”。面包是生命的象征，是所有食物的代名词，它决不允许被个人占有，它是必须与大家共同分享的食物。

下面举两个例子。在古罗马帝国，有“面包加圆形竞技场”的说法：当时的罗马为市民免费发放面包和谷物(配给量与受领人数因时代而异)，此外，统治者为巩固统治，笼络人心，时而设豪宴招待市民。(见图2-3)。据普鲁塔克[1]讲，作为三巨头政治家之一的克拉苏，在某一战役中胜利而归后，“摆一万桌酒席款待市民，另外，还分给每位市民够吃三个月的小麦”。不仅如此，统治者们每年在壮丽的圆形露天剧场(赛马场[2]一词与英语中的圆形[3]是同根词，后来成为马戏[4]一词的词源，所以，马戏的舞台至今仍是圆形的)举行各种曲艺、杂耍等长达数月之久。其中有剑术比赛、战车比赛等，甚至有让猛兽吃基督教徒的极其残忍的节目，供市民们娱乐、享受。诗人尤维纳利斯[5]批评说，这是迎合大众的愚民政策。这就是“面包与竞技场”讽刺说法的开端。古罗马统治者们的做法，的确有马基雅维利主义[6]的嫌疑，但这一做法，最初是源于“互易”的交换原理。也就是说，统治者把人民给予自己的财富、权利、名声再还给人民。应该说，这与北美西北海岸的有名的夸富宴[7]是同一原理。

1. 普鲁塔克 (Plutarchus)，罗马帝国时期希腊作家。——译者注
2. 赛马场：circenses。——译者注
3. 圆形：circle。——译者注
4. 马戏：circus。——译者注
5. 尤维纳利斯 (Iuvenalis)，古罗马诗人。——译者注
6. 马基雅维利主义：为了政治目的不择手段。——译者注
7. 夸富宴 (potlatch)，流行于北美洲西北海岸的各印第安人部落。——译者注

图2-3　这张高脚的餐桌没有放在里面，而是放在了前面，乐队在右侧演奏，左边的是面包的分发者，坐在中央的是身份显赫之人，用方形餐盘进餐。两侧的边桌坐着20位客人，用圆形餐盘进餐，也有使用勺的，主宾脚旁的容器里冰镇着葡萄酒。1941年纽伦堡木版画，纽约大都市艺术博物馆收藏（考斯曼1989年提供）

不论是基督将5个饼掰开分给5 000名群众，即所谓“面包的奇迹”。还是在最后的晚餐的时候，掰开饼分给弟子们吃，作为同一块面包的首长，必须分配这生命之食粮。所以英语中表示首长、君主、卿相等意思的“lord”一词，就来自管理面包的人[1]，而女主人[2]则来自揉面包的人[3]。也就是说，只有能管理、分配女主人烤好的面包的人才配得上首领[4]这个称号。

互惠原则

意想不到的是，今天我们要遵守的马塞尔·莫斯[5]提出的基于互惠原理的赠予交换原则，是被视为黄金准则[6]、人类社会的重力法则[7]。具体地说，面包——食物，不可自己消费，而必须与同伴平均分配、共同享用。这是人类亘古以来，在世界各地都存在的原则。下面我就从数目众多的民族志中选择几个土著居民的例子做一介绍：

> 安达曼岛民[8]：所有的食物都属私有财产，是谁收获的，就归谁所有。但是，几乎无一例外的是，食物拥有者都愿意把食物分给没有食物的人。……这种风俗产生的结果是，人们把狩猎采集到的所有食物，平均分配给了全村人。(拉德克利夫·布朗[9])
>
> 因纽特人[10]：当食物匮乏时，忍饥挨饿的却是收获猎物最多的猎

1. 管理面包的人：weard。——译者注
2. 女主人：Lady。——译者注
3. 揉面包的人：揉dig; 面包loaf。——译者注
4. 首领：lord。——译者注
5. 马塞尔·莫斯 (Marcel Mauss)，法国人类学家、社会学家、民族学家。——译者注
6. 黄金准则：为人准则。——译者注
7. 人类社会的重力法则：人与人之间相互作用的法则。——译者注
8. 安达曼岛民：孟加拉湾、狩猎采集民。——译者注
9. 拉德克利夫·布朗 (Radcliffe-Brown)，英国人类学家。——译者注
10. 因纽特人：居住在阿拉斯加、加拿大北部、北极附近的狩猎民族。——译者注

人和他的家人，原因是他们把家里所有的食物毫不吝惜地送给了别人。(斯宾塞[1])

毛利族[2]：毛利族首领的威信取决于他在多大程度上能够自由支配财富，特别是食物。因此，他努力确保自己的收入好于以往，然后毫不吝惜地把自己的收入分给部下或亲戚，以炫耀自己待人的诚恳与热心。结果，他的部下和亲属会带来更好的礼品，如此相继交换。……首领那里成了财富流通的周转站，财富先汇集到他那里，然后再由他把这些财富分发出去。(弗思[3])

本巴人[4]：如果说把统筹好的食物分配下去，是权力者的属性(职能)的话，那么，无疑这是一种威信的象征。……因为接受食物的人对授予者必须以尊敬、服侍、爱戴的心情加以回报。……首领掌控食物，接受纳贡，分给手下，分配自己所管理的食物。这样的属性都是部落仓储库的特征。(理查兹[5])

夏威夷岛民[6]：修建仓库，储存食物……及其他各种财物的获得都是王者(即各岛上的最高长官)的职责。……所谓的仓库，就如同捕鱼的网箱。有一种叫做隆头鱼的鱼，总是围着网箱不肯离去，就是因为它以为网箱中有美味。同样，人们认为仓库中有食物，所以他们的目光就不会离开王者。就像只要有食物在，老鼠就不会离开食品储存库一样。在人们认为王者的仓库里有食物的时候，就不会抛弃王者吧。(马洛[7])

---

1. 斯宾塞(Herbert Spencer)，英国哲学家。——译者注
2. 毛利族：新西兰的狩猎农耕民族。——译者注
3. 弗思(Firth)，英国语言学家。——译者注
4. 本巴人：非洲的农耕民。——译者注
5. 理查兹(Audrey I Richards)，英国女人类学家。——译者注
6. 夏威夷岛民：波利尼西亚的农耕民。——译者注
7. 马洛(David Malo)，夏威夷历史学家。——译者注

记载这类事例的图书在世界各地的图书馆里均有收藏，其数量多如牛毛，不胜枚举。从被发现时，几乎过着旧石器时代的平等互助的群居生活的安达曼岛民，到看上去如同生活在帝王统治的不平等的、有着身份等级社会里的夏威夷岛民，他们所吃的食物都是通过配给而来的。古罗马的皇帝、将军也是这样做的。然而，有别于罗马帝王的是，夏威夷岛的最高首领常常因为过分压迫人民，而被人民以凡人必须平等为理由遭到杀害。正如英国民俗学家弗雷泽[1]在《金枝》(1922)中所说的："远古时代的帝国实施的是专制暴政，人民只是为君主而存在的观点"是错误的，是具有近代特征的偏见，因为事实"恰恰相反，君主是单纯为人民而存在的"。

不过，欧洲从前实施的也是互惠原则。这一点，通过下列一些词汇可以得到证实。如现在的"待客大方"一词译成英语是"hospitality"，除此之外还有同族语的主人[2]、女主人[3]、招待所[4]、收容所[5]、宾馆[6]、医院[7]、旅馆[8]等词。这些词语的原印欧语词根均被推测为"ghosti"，它的意思是"相互负有款待的义务"。

拉丁语"hospes"一词，兼有"主人"和"客人"两方面的含义，法语的"hôte"也是如此。英语是通过因素脱落才衍生了两个词，"ghosti"词头的"g"脱落后，成为"hosti"，清辅音"h"脱落后则成为"guest"(这是日耳曼语系)。但是，"hosti"与"guest"原来是同一个词。之所以这样讲，是因为"主人"与"客人"这两个角色可以相互转

1. 弗雷泽 (Frazer)，人类学家。——译者注
2. 主人：host。——译者注
3. 女主人：hostess。——译者注
4. 招待所：hostel。——译者注
5. 收容所：hospice。——译者注
6. 宾馆：hotel。——译者注
7. 医院：hospital。——译者注
8. 旅馆：hostelry。——译者注

换。比如说，这次主人热情地款待客人，那么下一次，以前的“主人”也可以成为“客人”，也会受到同样的款待。如若不然，受款待的一方就会因为永远背负着人情债而抬不起头来。

如今，时兴脏器移植，“捐赠者”一词又获得新生。这个源于印欧语词干的“dō”以及其变形的“dǿ”（在这里顺便讲一下，日语的“旦那”一词原本与表示优雅之意的“dǿna”是同根词，意为慷慨地周济别人的人）原本就兼有“赠予”与“接受”两义。据希腊历史学家修昔底德[1]讲，色雷斯国王西塔尔塞斯[2]之所以认为“在别人有求于已时拒绝，比拒绝接受别人好意的行为更可耻”，也就是这个缘故。

不过，在刚才所举例的社会里，人们都是用“手食”。人类在这种完全没有开化的共同体中所生活的几百万年里，基于互惠原则，使有食物的人直接用手送给没有食物的人，没有食物的人也是直接用手接过食物，双方一起用手吃。西方人现在只有在吃面包时，才把面包放在（用竹片或藤条编织的）托盘里，大家传着并用手拿起来撕着吃，这是因为面包象征着“食物”和“生命”，是人们之间相互赠予、相互热情地款待对方的食物。

狮子与人的区别就在于，前者是用嘴独自进食，而后者则是与大家共同分享，一起用手吃。这是居住在卡拉哈迪沙漠[3]里的闪族人的卓越的符号论式的辨别方法。在奉行利益高于一切的资本主义社会里，人们唯独对象征着“食物”与“生命”的面包，至今仍“集体无意识”[4]

1. 修昔底德（Thukydides），公元前460或455—400或395年。——译者注
2. 西塔尔塞斯（Sitalkes），统治色雷斯诸部族里的奥德里西亚人。——译者注
3. 卡拉哈迪沙漠（Kgalagadi Desert），位于非洲南部高原区。——译者注
4. 集体无意识：是指“有史以来沉淀于人类心灵底层的、普遍共同的人类本能和经验遗存”，这遗存既包含了人类先天的生理学意义上的遗存，也包含了人类后天的社会生活意义上的遗存。——译者注

地恪守着共同社会的黄金法则。

圣　餐

除了人类社会中的互惠原则，由于食物无一例外都是自然的产物，而这些丰硕果实又都是超自然存在的先灵、精灵以及其他各位神灵所赐予的。因此，人们聚到一起会餐，实际是与“超自然存在”的会餐，也就是圣餐。前面列举的拉丁语中表示喜宴的词（需要注意的是，词干中包括dá），原意为“祭神的供品”，是指在祭祀仪式结束后，要与神一起共食的豪华酒宴。

毛利族的猎人有一个规矩，即必须把年初第一次捕获到的猎物的一部分回赠给森林，以表示对超自然存在的感谢。之后要与神官一起用火烤猎物，烤好后要用手抓着吃。他们相信如果不那样做，生命的源泉就会干涸。在中世纪的西方，规模较大的修道院必须设有住宿设施，为所有的来访者，包括旅客、穷人、病人，甚至还包括王侯贵族等提供一夜住宿的方便，并以主的名义为他们提供面包以及葡萄酒，有时还施舍钱财，热情地接待、接济来访者（见图2-4）。

这种做法并不单纯是期待人们来访。据船田咏子讲，法国的克卢尼等修道院的修道士，就积极主动地走出修道院，探访附近村落的病人、孩子、寡妇、残障人士以及因饥荒或天灾寻求帮助的农民，向他们分发面包和葡萄酒等。修道士们以主的名义用手分发面包，人们也用手接过面包，并用手食之。

无疑，面包是象征着基督身体的圣饼，“hostia”[1]原本是拉丁

1. hostia：面包。——译者注

图2-4 施舍面包的修道士们/斯特，拉斯堡市，1477年木版画、彩色（船田咏子，1998年提供）

语，意为祭祀神的供品。穆斯林信徒们相信使用餐具进餐会污染食物，只有使用真主阿拉赐予的手进餐，才是符合神的旨意的最洁净的用餐方法。不同信仰间存在的这种潜在的思想意识大概是相通的吧。

日本的手食

其实在日本，有些场合也必须用手进餐。比如说，在神道的开斋仪式上，当撤供品时，从神坛上下来的神官用长筷子将供品依次取下，所有的人将左手掌心朝上放在右手上接受供品，然后将其吃下，这是正式的吃法。虽说是手食，但不是用手指而是用左手心的挖斗处将食物送进嘴里。特别是红小豆米饭，有个规矩，就是必须用手吃。这在《今川大双纸》（室町时代的武家行为规范书）中有所记载：

进餐情景，即使备有筷子，但也不可用筷子吃，而是必须用筷子将食物夹到左手上，然后用手吃。

对日本人而言，水稻=作物神赐给的米，它是附有稻魂的特别神圣的食物，尤其是蒸的糯米饭，不论是否加入红小豆（被认为具有驱邪的功能），自室町时代以后，都被作为特别场合的食物，所以糯米蒸饭与供品一样必须用手掌心食用。

即便是现在，饭团仍需用手拿着吃，这似乎并不是因为饭团攥得紧，而外层又有紫菜包裹而不易沾手的缘故，而是因为饭团[1]似乎与"产灵"[2]有关。在祭祀时，饭团供奉给神佛、先灵；仪式结束后，饭团作为人们分享的供品，它表示的是圣餐。

从前还有其他必须用手抓着吃的食物。如平安末期的贵族藤原忠实在《中外抄》（1142年条）中记述道："用筷子吃的食物和用手直接吃的食物，是有区别的。可是，近代人对此全然不知。"还有镰仓时期的《四季草》中也有记载："吃法，应因食物而异，不同的食物应有不同的吃法。"关于应是"箸食"还是"手食"，以及应该从"哪儿开始吃、怎么吃"等问题都有严格的礼法。其中之一是苍鹰捕鸟的食法。所谓苍鹰捕鸟，是指领主等带着训好的苍鹰去野外狩猎，由苍鹰所捕获到的鸟（特别是野鸡）。下属若是得到主子恩赐的猎物，将是莫大的荣耀。陆若汉[3]在《日本教会史》中这样讲道：

虽然用来款待或招待客人的菜肴种类繁多，但他们的习惯是用鸟（多指野鸡）来招待客人，并且以自家苍鹰所捕到的鸟最为珍贵，也最能表现出主人的盛情。当烧好的鸟端上餐桌时，要用两手的拇

---

1. 饭团：日语读音为"むすび"。——译者注
2. 产灵：日语读音为"むすび"，指生成天地万物的神灵。——译者注
3. 陆若汉（Joao Rodrigues），耶稣会传教士。——译者注

图2–5　雉鸡悬挂柏树枝/《鹰经辨疑论》第2册，内阁文库收藏（堀内胜，1998年提供）

指和食指拿着吃，其他的三根手指则要握入掌心，不使用筷子，并且要一点儿不剩全部吃光。为表示对鹰主人的感谢，在吃之前，要先把食物举向头顶，大概是在额头的位置，然后再吃。不过，如果烤鸟是浇汁的，为不弄脏两手则用筷子食用。在一年的四季里，鸟都是盛大的宴会上不可或缺的佳肴。但不同季节要选择不同的鸟来招待客人：如春夏两季的云雀味美；秋季以长着很长的嘴、呈云雀色的鸭最好吃；冬季里选择野鸡和其他山鸟（见图2–5）。

在《山内料理书》(1497）中也有这方面的记载，但本书引用《今川大双纸》中的一段：

苍鹰捕鸟的食法：绝不可以使用筷子食用，必须直接用手食用，若是浇汁的则需用筷子食用，然后喝其汁。

《今川大双纸》中还记载道：做苍鹰捕鸟的菜肴时有专门术语，比如不能说“切”，而必须说“割”。再有，将其赠送他人时要用树枝挑着送，并将此称作“柴挑鸟”，具体挑法，因鸟的种类、季节，以及流派的不同而异。另外，据说从大陆传入的苍鹰捕猎的活动，始于仁德天皇。这原本是帝王举行的活动，虽然够不上圣餐，但为了强调君臣一体，也有拒绝筷子这个中间媒介的习惯。

另外，将其作为下酒菜时，在《宗五大草纸》(旧典礼法，1528年成立）里有这样的提示：

赐食

金仙寺教诲众人：贵人赐予的膳食，需左手在上、右手在下交叠，稍稍躬身，双手微曲接受，以表深深的敬意，如此食用方才妥当。若将食物以赏析之名拿在近前反复观看是不对的。若是金仙寺（伊势真宗）所赐予的较大的食物，人们可以用牙咬断，将剩下的放入怀中；平辈之人做赐予的食物，可用单手手掌向上平伸，接过再食用即可。较大的且带汁的食物，可先用牙咬断，再将剩下的食物不为人知地放在身后即可。且用单手抓着吃是不符合礼节的。但若对方比自己身份低微，此种吃法则不显不妥。比自己身份低微之人所给予的食物是可以接受的。只是接受时的恭敬程度各自不同。

在平安时代晚期的《世俗立要集》里，有“不用筷箸食菜肴”的记载，因此我们可以认为手食习惯一直持续到了室町时代。而针对贵人、同级、下属等不同的对象，立要里则明示了不同食法的符号论的差异，“左手在上、右手在下的两手重叠方式以及以掌心接受食物”的姿势，分明是表示恭敬之意。手食规则虽然在一定程度上已经世俗化，但正如附笔中所写的那样，“豪饮之时，军邸之饮”，手食仍属特别的、喜筵上的吃法。

在每年定例的活动或仪式上，或者是冠婚丧祭等特殊场合，现有的秩序常会发生颠倒，有时会出现最初的混沌状态。所以，“手食”这一人类最原始的吃法，在特别的宴席上一定出现过。即便是平时，在习惯于手食的土著民那里，在服丧期间也不允许手食。或是请别人喂，或是像动物一样直接用嘴撮，这是一种返古的奇特习俗。可以说，西方人在日常生活中用手抓面包吃，而日本人则在特殊的日子里手食，两者虽然形态不同，但在背后流淌着的都是基于互惠原则的殷勤款待别人的意识以及饮食共享的精神。

鱼糕之谜

还有一种食品必须手食，那就是鱼糕。不过，其理由用上述理论似乎解释不通。在此将这鱼糕之谜提出来，以期读者赐教。

人见必大在《本朝食鉴》(1697)中记述道:“鱼糕系近世江州厨师鹿间某首创”，也就是说，古代还不曾有鱼糕，它是进入室町时代后才出现的食品(另一说法为平安朝晚期)。鱼糕的日语是“蒲鉾”，因其颜色、形状酷似蒲棒而得此名。所以它原本的形状与现在的“竹轮”(一种酷似竹子斜切面形状的鱼肉食品)相同。把磨碎的鱼肉码在板上(指小木条)上的这种鱼糕，是从桃山时代开始制作的。可是，人见必大却记述道:“把鱼肉捣成泥状，再用手一捏一捏地将其揪到开水里煮，使其成为疙瘩状的鱼肉食品，并将其称为‘久津志(くづし)’”。可见，当时还有“氽鱼丸子”或者“鱼肉山芋丸子”类的食品。

下面是关于“鱼糕吃法”的说明。据熊仓功夫(1999年)讲，小笠原流派的《通之次第》中的《口述》篇中这样写道:“在贵人面前吃鱼糕时须把筷子放在一边，用右手拿着，以左手协助的方式吃……吃鱼糕不能用筷子。”也就是说，小笠原流派明确禁止使用筷子。而在《摘自大草殿的相传口述》中的记述与此略有不同:

> 吃鱼糕时，先吃汤泡饭，然后再用右手拿起筷子，取一个不带签子的鱼糕放置在左手，用右手拿着斯文地吃。接下来还是以同样的方式吃。

虽然吃法的确复杂，但用右手揪着吃这一点是相同的。然而，在《奉公觉悟之事》中的记载是:“鱼糕如果是用刀切开的，则须用筷子吃，如果是整个的，须用手拿着吃。”而在小笠原流派的《食物服用之卷》中却有如下记载:“鱼糕要用右手取，然后换到左手，上端的用筷子、中间部分用手、下面拿着板儿吃。”如此说来，用刀切开时用筷子吃，没切开时用手拿着吃，那么就是说，鱼肉馅并不是涂在细竹上，做成圆筒状的鱼糕，而是附在板儿上的？

不过，因为鱼糕的签子好像是“长5寸、尖部宽2寸、跟部宽1.6寸”（《摘自大草殿的相传口述》），所以，与足利时代晚期同一时期的著作《食物服用之卷》中所说的“板儿”或许就是签子。

那么，在哪种情况下，鱼糕是切开的呢？小笠原正清在书后记中是这样说的：“需要码在盘里时必须切开，而装盒时无须切开”，即与其他食品合盘时好像需要切开。不过，是否切开似乎跟上菜的对象也有关系。此前的《四条流庖丁书》（1489）中记载着这样一段秘闻：

> 鱼糕
>
> 鱼糕上留有刀痕是不可能的。曾在贵人御前见到过一两个人。
>
> 因现今凡事在不知其真相时常凭人们揣度行事，导致鱼糕上开始有刀痕。
>
> 在此期间，吃过这种鱼糕的人则也开始出现此种错误。
>
> 以往没有出现这种错误，是因为没有人传播这种错误。
>
> 贵人、女官和传膳之人认为鱼糕上是有刀痕的吧。
>
> 由此在众人间以讹传讹。
>
> 刀痕必须要做到不被人发现才是妥当的。
>
> 这是四条流这一流派的不为外人所知的秘事。

由此可知，鱼糕似乎只有在提供给贵人、夫人、孩子时才需要切割。“自古以来之所以全都不切，是为了避免吃的人犯错误”。具体说，是为了防止一般客人在必须手食时而错误地使用筷子的行为。可是，时而切割，时而不切，时而用手抓，时而使用筷子，复杂怪异的吃法愈发令人感到迷惑不解。

不过就是今天，在新年的年夜饭里，鱼糕也是必不可少的料理，它原本就是节日里供奉神灵的供品。如此看来，尽管吃法混乱，并已世俗化，但是，如前所述，它的吃法或许留有圣餐的痕迹。近世的《料理切形秘传抄》(1659年以前)中有这样的记载："食用鱼糕之事，用手指取中间食也，不擦拭为好，生鱼片亦如此。"据此，可以认为鱼糕的吃法与红小豆饭以及下酒菜的食法都是同一原理作用的结果。

右手与左手

前面探讨了日常使用食具的民族为何还保留着手食的习惯的问题，与这个问题同样重要的是手食所带来的另一个问题，那就是使用哪只手的规则问题。

关于左右的问题，到目前为止，从自然科学到生物学、生理学、心理学以及民族学等各个领域，人们已进行了十分广泛的研究。从"宇称守恒定律[1]"的破坏上，明显显示出诸多的问题：比如说，自然界为什么左半面处于弱势？分子结构为什么有左右型之分？植物的蔓与贝类为什么存在向左卷和向右卷的区别呢？人的大脑为什么左半球处于优势地位？为什么阿拉伯数字手写体多为左转弯，而日语的平假名向右转弯的多，等等。这些有趣的疑问，在此不可能一一进行论述。下面仅就与饮食文化有关的问题进行探讨。

"口食"是动物行为，人类为了脱离动物属性而开始"手食"，然而，用手吃食物的动物并不少见。比如啮齿类动物中的松鼠、老鼠等用两手(前爪)灵敏地吃树子或植物的根茎；水獭、黄鼬等鼬鼠类动物也是用手(爪)吃食物的；熊有时也直立起来用手(爪)吃食

1. 宇称守恒定律：对称性。——译者注

物；而最擅长手食的是猴子，特别是与人类遗传基因相近的类人猿（如同马跟斑马的基因关系）的手甚至比幼儿的手还要灵敏。原猿类中的指猴的中指伸开如同钩子，可以轻而易举地把坚硬树木里面的仁掏出来吃，它的手指简直就是勺子或者说是叉子。可见，为了摆脱动物属性而选择手食的人类，在吃法上，再一次遇到了动物属性。结果，人类开始尝试对左右手进行符号式的区分，以达到区别于动物的目的。

人类一般都有右手优势的文化观点，这似乎有恶作剧的嫌疑，但这绝不是玩笑。众所周知，在手食圈里，广泛流传着“右手=洁净，左手=不洁净”的观念。比如说，从前，印度尼西亚为了不让孩子使用左手，用带子把孩子的左手捆起来。而在尼日尔，如果女人做饭时使用左手，那么就会被怀疑是否下毒了。纵使现在，在世界各地仍存在着很多吃饭时绝对不可以使用左手的严格戒律。因为左手是用在排便等肮脏的时候，这是一般的解释。事实是否果真如此？因为不论在哪个时代，人类在90%的情况下都擅长用右手，包括如厕时也是右手方便。如此说来，应该形成左手=洁净，而右手=不洁净的文化观念才对。

喜欢“右”的人类

自远古时起，人类就有喜欢“右”的特性，这一说法通过各种研究已得到证实。俄罗斯的符号文化学家托普洛夫[1]对旧石器时代的洞窟壁画进行过调查，他发现从那个时期开始就存在着“右”为正面，“左”为负面的对立概念。而德国的人类学家杜尔（Durr）也论述道：古埃及认为“右”象征着生、赤、东，而“左”则象征着死、黑、西。再有，哲

1. 托普洛夫 (V.N.Toporov)。——译者注

学家柏拉图[1]也在《国家论》中把正派的人与右、上、天、前等词联系在一起，把邪恶的人与左、下、地、后联系在一起。毕达哥拉斯[2]学派则把右面与奇数、男性、光明、一直前行、善联系在一起，把左面与偶数、女性、黑暗、曲折、恶联系在一起。同样，《新约圣经》里也把所有集合来的国民分为左右两列，主祝福右侧的正派的人们，诅咒左侧的邪恶的人们(《马太福音》)。

此类事例有很多被收集在民族学的资料中。下面把英国人类学家尼达姆[3]所绘制的尼约罗族的具有代表性的分类图展示给读者，以供参考(见图2-6)。

左	右
女の子	男の子
王妃	王
凶兆	吉兆
病気	健康
悲しみ	喜び
不毛	多産
貧困	富
地	天
黒色	白色
危険	安全
死	生
悪	善
不浄	清浄
奇数	偶数
占い師	王女
神秘的職能	政治的役職
裸	着衣
野蛮	文明
太陽	月
自然	文化
変則的なもの	分類されたもの
無秩序	秩序

图2-6　尼约罗族分类图(尼达姆,1967)

不仅如此，在近代欧洲语言中也可以看到左右的对立，这也是众所周知之处吧。英语、德语里所谓的“左手婚”是指身份不同的婚姻，即妻子没有继承丈夫遗产的权利，孩子不被承认为嫡子。结婚戒指之所以戴在左手上，就是因为右手表示权力，左手表示服从之意。下面，我把各国表示左右意思的暗示语用一览表示意如下(见图2-7)。另外，越南语的“tay”表示“左”，印度尼西亚语的“kiri”则有“背叛、恶、不幸”等意思。在对世界各国语言进行调查后，其结果表明:“左”大都表

1. 柏拉图 (Platon)，古希腊哲学家。——译者注
2. 毕达哥拉斯 (Pythagoras)，古希腊数学家、哲学家。——译者注
3. 尼达姆 (Rodney Needham)，英国社会人类学家。——译者注

各国語	左(の)	コノテーション	右(の)	コノテーション
ギリシア語	aristeros	不吉な，ぎこちない	dexios	幸運な，巧妙な
ラテン語	sinister	不吉な，悪い	dexter	器用な，ふさわしい
英語	lyft(古代語)	弱い，痳痺した	right	正しい，健全な
ドイツ語	link	不器用な，怪しげな	recht	正しい，適切な
フランス語	gauche	ぎこちない，歪んだ	droit	正しい，まっすぐな
スペイン語	izquierdo	曲がった	derecho	正しい，幸せな
イタリア語	mancino	不誠実な，偽りの	dritto	まっすぐな，正直な
ポルトガル語	esquerdo	歪んだ，不快な	direito	まっすぐな，正直な
ロシア語	ljevyi	価値のない	pravyi	正しい，公正な

图2–7　各国语言中“左右”的言外之意

示“恶”，而表示“善”的为少数。不过，像墨西哥的玛雅族的泽套语、澳大利亚的原住民[1]等语言中原本就没有“左、右”之分。

生物学根据

关于人类为何如此喜欢右侧位的问题，19世纪英国的思想家托马斯·卡莱尔[2]设立了一个著名的假说。他强调说，由于心脏位于左侧，左手担负着保护心脏的职责，所以才用右手持棒或剑进行攻击。如果是这样，那些参加战争的男女，尽管是少数，也常有用左手持械进行攻击的，他们为什么也能在激战中得以生存？对此，托马斯的假说无法做出合理解释。此外，还流传着这样一种说法：母亲为了让孩子听到自己的心跳，以便使其安稳，所以用左手抱孩子。这样，孩子的右侧与母体接触，能用右手不断地抓弄母亲的乳房，于是右手变得发达。可是，在习惯于把孩子放在后背背着的社会里，右手优势并未改变，显然这个假说也不成立。

1. 澳大利亚的原住民：居住在昆士兰州最北端的约克角半岛。——译者注
2. 托马斯·卡莱尔 (Thomas Carlyle)，苏格兰历史学家。——译者注

下面，让我们来窥视一下动物世界，看看动物是否有利手（好使的下肢）。当我们按照种类进行观察时，情况如下：能观察到的物种（鸟类），观察不到的物种（鼠类），作为个体能观察到的物种（猫），观察不到的物种（较多）等结果各异，不能一概而论。可是，把与人类最近的黑猩猩进行个体观察时，观察到它们在进食时有的使用右手，有的使用左手，表现出非对称性，属于不规则分布，一个物种观察不到一边倒的情形。然而与人类一样，黑猩猩的大脑功能，具有一定程度的左右非对称性。可是，当小猴用左手时，并没有受到母猴呵斥、拍打等文化上的制约。

人类的情况又是怎样的呢？通过对石器的缺损形态、杀死的动物骨头的打击面，以及洞窟壁画上的人物朝向、手形等的观察，我们发现人类从古到今都是右手处于优势地位。当我们对公元前3000年间的465件艺术作品进行调查、研究，结果表明：右手的使用频率占到了91.4%。这个结果与公元后直至现在的比例相比，基本没有变化。

那么，为什么人类总体倾向是右撇子？对这个问题，科学家一般都是用左脑优势理论进行解释的。如众所知，右手受左脑控制，而左脑中有语言系统、逻辑思维系统，它比右脑发育早，后脑叶略大。于是，左右脑发达程度的不同，致使左半身的发育略先于右半身。这是因为当受精卵分裂的时候，原肠的原口形成，周围的细胞被吸入其内，而覆盖在胚胎表面的细胞大都向左转动，比右侧的流入速度快的缘故。男性的睾丸左侧比右侧先下垂，也是因为左侧的物质先开始下降，而被收入阴囊的缘故。

这个观点属于胚胎的应变梯度理论，未必能说是无媒介的遗传基因理论，但是，这种先天信息论，未必能决定左右撇（好使的手），在日本人里，有2%～4%是左撇子，其中家里有左撇子的，占

8% ~10%。这里出现了统计上的有意差。但是，父母是左撇子，但孩子未必就一定是。前原胜矢（1996年）说："在孪生双胞胎中有三分之一的人的左右撇是不一致的。"此外还有一个调查，结果显示：有9%的人的语言中枢系统在右脑，但他们并非都是左撇子。相反，大概有70%的左撇子，他们的语言中枢系统却位于大脑的左半球。

由此可见，虽然人对"右"的偏爱已经超出个体，成为群体共同现象，但这并不表明先天的个体具有选择左右的特性。

左右撇与使用的手

之所以这么说，是因为婴儿刚出生时，左右撇并不是固定的。心理学家郭敏豪认为：虽然存在个体差异，但就总体倾向而言，即便长大后是右撇的人，在出生后的第16周至第20周之间是左右手并用期间，从第28周开始主要使用右手，以后，直到第36周还是使用左手，当到第40周至第44周的时候再次使用右手，如此反反复复，不断变化。大脑生理学家时实利彦（1982年）则认为，孩子即便到了三四岁，仍然观察不到一边倒的倾向，在他们中间，用右手的占38.1%，用左手的占40.5%，两手兼用的占21.4%。郭敏豪和比尔同时还指出，"通过这样多次的循环之后，偏爱右手的倾向逐渐显露出来，但真正固定地使用右手是在8岁左右，以后就不再变化，一直使用右手"。

现在，人们基本认同人的左脑优势是由遗传基因决定的观点。但是，神经细胞的网状组织的生长，大脑的发达，需要不断接受外界的刺激。这种外部的刺激不只是感觉—运动层面的，而更多的是来自孩子所处的文化环境。当然，主要使用哪只手，已经超越了个体文化，它是建立在先天性的生物学基础之上的跨文化现象。因此说，"左右撇"是人类在文化刺激的作用下，个体受到约束后的结果。

实际上，在近100年来的时间里，随着社会规范与文化约束力的舒缓，虽然各国的情况有所不同，但是，用左手写字的人数及频率呈不断上升的趋势。如在日本、美国、澳大利亚等国用左手写字的人数已增加了4~6倍。

生物学概念上的左右撇与文化意义上的手的使用，存在着逻辑递进层面的区别，不能与睾丸下垂情形相提并论。那么接下来，就文化意义上的左右问题，我将结合日欧的情况作一番比较。

日本的左与右

日本曾进入到为数不多的左上位的国家行列，这是世界闻名的。在《古事记》中的著名的造国神话故事里，伊邪那岐命对伊邪那美命说："你从右面转，我从左面转。"于是，他俩绕着天御柱转圈，当两人迎面相遇时发生了性关系。男性是从左边开始转的，也就是人们通常所说的逆时针方向。把钟表设定为向右旋转，是以日晷影子旋转的方向为标准的，即在北半球日晷的影子是从左向右转动的。而《记・纪》[1]中则指出，左右的方向和男女的关系，似乎源自中国的"天左旋，地右动"这个古老的观念，或者是源自左为天、阳、男，右为地、阴、女的阴阳说。

日本在大化改新后，确立了律令制度，改革官制，设立了左大臣、右大臣等职位，并以"左"系列设定为上位。因此，"左"常被写作"日足"（ひたり）、"日垂"（ひたり），并被解释为"左"（ひだり），这是因为按中国的风俗——天子面朝南时，左边的方位为"东"（日向し）的缘故。

1.《记・纪》：指《古事记》与《日本书纪》。——译者注女儿节(3月3日)的时候,内里雏[1]的摆放方式,按照男左女右,还是女左男右摆放,因时代、地域的不同而不尽相同。但基本上是效仿紫宸殿上的天皇(人偶)、皇后(人偶)的摆法,即面对着大殿的左边为男,右边为女,包括现在的结婚仪式(新郎、新娘的站位)也继承了男左女右的传统。在相扑力士对决大赛上,从前,力士们的不是按东西分开,而是按左右,而左侧相当于现在的东侧,大力士们在摔跤台上转圈,把"向左转"视为正规,这被今天的盂兰盆舞所继承。另外,在神前摆放供品时,从神的位置看,左边是供品,右边是酒,即其摆放方法也表现出左面为上位。还有,挂在神殿前的稻草绳也是左捻劲的。我们的话题可能有些跳跃,我想说,江户时代的公共浴池的入口也是男左女右的。

诸如此类的具有民间风俗性质的事例还有很多,这说明日本在古代存在尚左的观念,但是也有相反的例子。如,在《日本书纪》里有关于继体[2]二十一年的磐井之乱的记述。天皇为了平定叛乱问道:"谁最适合担当将军一职?"众人回答道:"龟鹿火为人正直勇敢,且精通兵法,军中无出其右者。"这句"无出其右者"被认为出自中国的《史记·田叔传》。

另外,《续日本纪》的天平元年(729)中,有关于"左大臣正二位长屋王秘密学习左道欲颠覆国家"的记载。在天平胜宝二年(750)有"从四位上"(注:从四位为日本品秩与神阶的一种,位于正四位之下正五位之上,勋等上相当于勋四等,追赠时则称为赠从四位。)的吉备朝臣被降左,做了筑前太守的记述。在天平宝字四年(760),"大伴宿尔足编撰十条灾祸,在人们中间传播,因而被降左为三等官"等均明显表现出左卑的观念,也就是说在律令体制下,尚左和尚右的思想是并

1. 内里雏:模拟天皇皇后的一对男女人偶。——译者注
2. 继体:天皇的年号。——译者注

存的。

之后，日本整体逐渐右倾化，“左”变成了“恶”的代名词，关于这一点，从下列的复合词中就可以得到验证。下面任举几例：

左言、左计、左膳（也称作“夷膳”，指为把带木纹的餐盘顺着摆放，或者是把汤碗摆在了左边、饭碗摆在了右边，正确的放法应该是把带木纹的餐台横向摆放，或是饭碗在左，汤碗在右）、左前、冲左、左回（均指不好的事物）、左封（凶事信件的封法）、左卷、左斜（夫妻的身份不般配，特别是指无钱、无势的男人与有钱、有势的女人结婚）、左包（办丧事时用包袱皮儿包东西，从包袱皮儿的左撇包起，而应该先从包袱皮儿的右撇开始包起），等等。

与此相对，“左”表示正面意义的词只想到两个：左座（上座之意，不可思议的是这竟与古希腊的用法完全相同）、左团扇。

中国的左与右

左右的尊卑概念在日本出现混用的现象似乎是受到中国的影响。那么，在中国情况又是怎样的呢？其实，中国的“左与右”的用法远比日本混乱得多。

比如，在道教的经典《老子》（春秋末期至汉朝初期成书）31章中就有这样的记载：“吉事尚左，凶事尚右。”当时，人们连衣服的左大襟都为上。可是，在儒家的经典《礼记》（前汉编撰）中却记载道：“贤为左，愚为右，贵为右，贱为左”，于是衣服的右大襟也为上，属于右上位观念。不仅如此，“南蛮北狄披头散发左大襟之人”也有别于汉人。研究中国古典的大家福永光司（1996）认为：作为一般倾向，北方马背文化的人们尚右，而南方船上文化的人们尚左。但是，由于时代的不同，尊卑观也在左右摇摆，飘忽不定。简单概括的话，从夏到周尚“左”，从战国时期到汉代尚“右”，从六朝时代到唐宋时期尊“左”，到了元代又开始尊“右”，而明清时代又回到“右”卑。大宝律令将“左”系统定为上位则是受唐朝的影响。

然而，左右的尊卑与汉民族、异民族的统治王朝之间没有必然的联系。只是在越南、老挝、泰国的北部、缅甸的山岳民族等地区接受了中国南部的船上文化的影响，流行尚左的观念。如《老子》6章里所讲到的，“玄牝之门、是谓天地根”，道教以女性原理为根本，因此，这种尊左意识似乎与母系社会存在着某种联系。北美的祖尼族也具有尚左观念。但本人并无意主张母系社会都是左上位。

西方的左与右

如前所述，西方尚右观念强烈，在古希腊罗马艺术（希腊罗马式）时代，人们都用右手吃饭。中世纪末期，统治者对左撇子的人实行了强有力的文化束缚，甚至把左撇子当成异端分子或是魔女，遭到宗教法庭的逮捕甚至判刑。不过，15世纪写成的餐桌礼仪书籍《食事训》里却有如下的训示：

> 进餐时要使用与邻座人相反方向的手，
>
> 如你的右边有人，则以用左手为宜，
>
> 最好不要用两只手一起进餐。（艾利亚斯，1977）

从这一时期的绘画、版画以及哥白林像景毛织物等艺术作品中，常见到用右手拿餐刀切肉、鱼，用左手将吃的递进嘴里的情形，或者是酒豪们用左手或右手端着高脚杯，用另一只手抓着肉或鱼咀嚼的场面（见图2-8）。

西方在文艺复兴时期，打破了旧传统，违反了人类共同的左右不对称的礼节，公认在用餐时可以使用左手。虽然对其原因不甚了解，但应该是受到了文明化进程的影响。也就是说，在自己与他人之间逐渐地划出一条明确的界限，以免与邻座人相互妨碍，即建立起了互

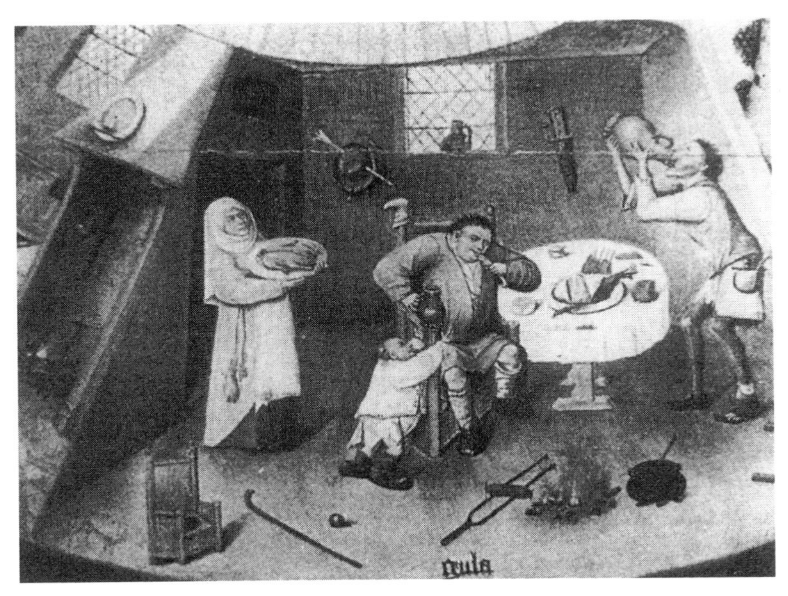

图2–8　希罗尼穆斯·波希“贪食之大罪”，15世纪（山内昶，1994年提供）

不侵犯对方身体空间的潜规则。在文化作用下形成的用手习惯，左右了生物学意义上的利手的形成，这表明了文化开始发挥着规范自然行为的功能。

后来，当叉子被引进后，像今天这样右手拿餐刀，左手拿叉子的餐桌礼仪也在日常生活中逐渐确立。从这个时期开始，用“手”这一天然食具进食时，就要遵从自然规则，但是人们已开始从自己的食器中取食，并用自己的食具吃，也可以说已经脱离了自然特性。

也许接下来的观点会遭到反驳。由于猿类这个物种不存在“左利手”或“右利手”的倾向。还有，人在幼儿时期，在左右手的使用上，也具有很大弹性，所以，笔者认为两手的使用，终归还是自然形成的。的确，无论什么样的文化体系，离开了生物学的基础都是不成立的。因为存在于自然界内的人类，不可能超出自然。所以不存在“只许用左手吃”或“必须用脚吃”（如果手有残疾，通过特殊的训练，用脚吃饭也不是不可能）的这种进餐礼节。

可是在英国，人们用左手握叉按住食物，用右手拿刀来切，然后用左手的叉子把食物直接送到嘴里，他们把这种吃法视为符合餐桌礼仪的正确吃法。而美国，虽然切法与英国完全相同，但在切完之后，必须把右手里的刀放在盘儿上，然后把左手的叉换到右手，再用右手把食物送进嘴里，这才是正规的礼节。虽然起源于同一祖先，可餐桌礼仪却如此不同，这只能认为是人们在某种程度上脱离了遗传基因的束缚，而接受了文化的规制。也就是说，就餐礼仪在生物学意义的利手的基础上，又加进了文化的要素。

在日本，弥生时代邪马台国的女王卑弥呼[1]一定是手食的，不过，关于她用的是左手还是右手，文献上没有记载。一般认为，依照生物学的原则，她可能是使用右手。但因为出土的古坟时期的土偶像身上的服饰是左大襟，所以，或许当时没像未开化的手食民众那样严格区分左右，而是根据需要也有使用左手的时候。8世纪以后，日本人采用了用筷子进餐的制度，并逐渐推广。不过右手用筷成为一种规则，还是中世纪以后的事，这一点从中世纪以来的诸多资料中可以得到印证。

所以，在使用“手”这个自然食具时，所体现出的生物学的一般属性，即“右手处于优势地位”的这一点上日欧是相同的。可是，当开始使用人工食具时则出现了不同：西方确立了右手拿刀、左手拿叉的人为的餐桌礼仪；而日本仍然固守右手用筷的自然的进餐礼仪。可以说，在这里出现了自然与文化的符号论对立的强弱。

---

1. 卑弥呼（ひみこ，约175—248年），古代日本邪马台国的女王。——译者注

使用食具进餐

由于人类自身口食、手食的动物特征明显，所以人类发明了食具。然而，人没想到的是，在动物中使用工具者早已有之，那就是猿类。

除猿类外，还有其他会使用工具的动物，比如，海龙知道把石头放在自己的肚子上，砸开贝壳吃里面的肉；加拉帕戈斯群岛上的达尔文雀，嘴里叼着仙人掌的刺从树干里掏虫吃；还有，埃及秃鹫能从高处丢石头把鸵鸟蛋壳打碎了吃。然而，使用工具的真正高手恐怕还是类人猿。

从前，在动物园里，就有过穿着衣服的黑猩猩坐在椅子上，灵巧地用餐刀、叉子切割桌子上的食物的表演。下面就让我们一起来窥视一下猿类使用工具进食的情景吧。

使用食具的猿类

想必黑猩猩钓白蚁的事大家都听说过。因为白蚁的洞穴很坚固，很难将其弄开，于是黑猩猩就取来树枝，将其伸到洞穴里，然后把爬上树枝的白蚁吃掉。为了使木棍儿能够穿过弯曲的洞道直达洞底，黑猩猩还把细木棍儿折成合适的长度。为了使细木棍儿更富有弹性，有时还会用牙齿咬一咬再用。这种钓蚁法也适用于钓食肉蚂蚁及大蚂蚁的场合。婆罗洲[1]猩猩同样会用树枝将树洞里的蜂蜜掏出来吃，用木棍去撬开口的树子吃。

还有一个很有名的故事。由于油椰子的果实十分坚硬，用牙是很难咬开的。于是，黑猩猩就找来一块稍大一点的石头当作底座，把果实放在上面，然后再找来另一块小点儿的石块当锤子，把果实砸开后，

1. 婆罗洲：是世界第三大岛，位于东南亚马来群岛中部。——译者注

吃里面的果仁。并且，据说当底座不稳时，他们还会用小石头将其垫牢。研究猿类的专家松泽哲郎（1991）把垫底座的小石头称作“工具的工具”，而且认为，黑猩猩已经具备“制作工具的工具”的这种高度复杂的思维能力。在这里顺便附加一句，据说当黑猩猩吃坏肚子，把屁股弄脏时，还会拿树叶当手纸擦屁股。另外，好像黑猩猩还有习惯用左手或右手的个体偏好。

就一般而言，食肉动物的爪、牙、舌头等体内装备，具有餐刀、叉子、勺同样的功能。而类人猿除手食外，还可以使用自身装备以外的食具进食。如果效仿著名的富兰克林的定义[1]，“人类是使用食具的动物”这种人类中心主义的观点将会被完全推翻。

而且有趣的是，不同的栖息地域都发展了各自不同的饮食文化。比如，贡贝山[2]和马哈雷都在坦噶尼喀湖[3]的东岸，相隔只有150公里左右，但马哈雷山上的黑猩猩喜欢吃举腹蚁和大蚂蚁，但不钓白蚁。可是，贡贝山上的黑猩猩却喜欢吃白蚁和食肉蚂蚁，同时还钓白蚁。

河合雅雄也曾讲过：“如果把由某个社会所创造，并被这个社会的成员们所接受，而且被世代传承着的某种生活方式”称为“文化”的话，那么，就可以把“饮食习惯称为那个社会所特有的饮食文化”（1992）。黑猩猩的饮食文化也不是与生俱来的，而是在一定程度上摆脱了遗传基因的束缚，在各自的地域集团中创造出的属于自己特有的方式。

来自猿的礼物

一般情况下，动物会根据环境的变化，而改变自己的身体，以便适

1. 富兰克林 (Benjamin Franklin)，本杰明・富兰克林，科学家、政治家。定义：「人間は道具を作る動物だ」。——译者注
2. 贡贝山：坦桑尼亚国家公园。——译者注
3. 坦噶尼喀湖：非洲中部的一个淡水湖。——译者注

应新的环境。比如，当栖息在温带的熊迁徙到北极圈之后，就连它的掌心也会长出毛来，全身的体毛密度加大，皮下脂肪增厚，又因渡海而脖子变长，毛色也会变成洁白的保护色。而同是迁徙到北极圈的一部分蒙古人，就没发生如熊那样体毛变密、皮下脂肪增厚等变化，但他们穿上了皮衣，燃烧动物的脂肪取暖，并且建造了雪屋抵御严寒。

人类在适应环境时，不是靠改变自己的身体特征，而是按照自己的需要去改变环境。也就是以增强普通适应能力来代替特殊适应能力。

动物身体结构的特殊进化，具有有利的一面，也有极其不利的一面，因为进化本身蕴含着陷入进化瓶颈的危险。比如，岐阜蝶的幼虫只吃寒葵叶。从食物的角度讲，食域的确立，有利于确保生存空间。可是，如果寒葵绝种了，岐阜蝶这个物种也就不复存在了。实际上，由于森林的开发等原因，食草在逐渐减少，今天已经面临灭绝的危险。从这个意义上讲，所谓人类的文化，只不过是包裹着人类普通的适应能力的、脱穿自如而又十分便利的外套而已。

人是杂食动物，几乎无所不吃（吃万物）。这种一般性质和特征能得以保持与发展，似乎是文化的功劳，而实际上，这是从猿那里继承来的。那么，猿是怎样保持住这种一般特质的呢？对此，河合雅雄指出：食性是其最大的原因。如，只以朴树叶为食物的大紫蝴蝶的幼虫的食性，是因遗传基因所决定的，它无法摆脱这种绝对束缚。可是，猿类却在一定程度上成功地摆脱了遗传信息的制约，扩大了食物选择的范围，并由“集团”营造出了特有的食文化环境。以下摘自河合的名著《人类的由来》：

文化是可以根据主观意志进行创造的，人们在不能改变自然环境的情况下，那就只有改变自己，以此来增强适应自然环境的能力。文化环境是人们根据自己的需要打造出来的，只要人们努力适应即可。不过，同是“适应”，对自然环境的适应也会带来人类性质和特征的改变，而对文化环境的适应，只要改变对策就能应对。猿类之所以能够保持一般性质和特征，就是因为它们在适应食物文化环境方面具有极强的适应能力。

下面，我就人类与类人猿的食域与食性做一比较。因为笔者没有做过田野调查，所以在这里完全借鉴日本的优秀灵长类学者们的研究数据。首先，在西田利贞等人编撰的《猿的文化志》(1991)里所收录的各位学者的论文中，有关于马哈雷国立公园里的黑猩猩的食物种类的介绍，现引用如下：

马哈雷——198种植物、25种昆虫、5种鸟和蛋、12种哺乳类、白蚁穴的土等共计241种

贡贝——147种植物

波叟[1]——156种植物

上原重男强调说，对贡贝和波叟地域的黑猩猩的食物只统计了植物种类，但并不是说这一地域的黑猩猩不食用其他食物。据加纳隆至的研究，扎伊尔的矮黑猩猩的情况如下：

万巴[2]——植物106种、昆虫3种、蚯蚓2种、鸡蛋(人工投放)、哺乳类1种、白蚁穴土等共计114种

洛马科[3]——植物81种、昆虫14种、线虫、螺类3种、蛇类、哺乳类4种等共计104种

另有报告称，马哈雷山地的黑猩猩所吃的食物种类达360种，另据河合雅雄的研究结果表明：仅就植物而言，卡胡兹—别加[4]山地大猩猩

1. 波叟 (Bossou)，地名，西非几内亚境内。——译者注
2. 万巴 (Wamba)，地名，尼日利亚境内。——译者注
3. 洛马科 (Lomako)，地名，刚果境内。——译者注
4. 卡胡兹-别加：刚果国家公园。——译者注

所吃的食物有104种，红猩猩的食物达133种，而比叡山的日本猿所吃的食物竟达370种。

看到这些珍贵的研究资料，首先令人惊叹的是，类人猿食域的宽泛程度。仅就植物资源来讲，黑猩猩所食种类平均达167种，而矮黑猩猩则达93.5种。并且，不止叶和茎，还包括果实、花、根和树皮等各个部位均属于它们的食物范畴。黑猩猩、矮黑猩猩、大猩猩、红猩猩所吃的植物平均达到132种。这比加拿大人类学家理查德·李[1]所得出的调查结果（闪族人的食物种类为105种）还要多。不仅如此，这个数量恐怕也远超过我们现代人日常食用的蔬菜种类。

不过，在这些种类繁多的食物明细中，支撑类人猿生存的食物，即所谓的主食，一年四季都算上大概也只有10~15种，比我们想象的少得多。但是，根据理查德的研究，闪族人在105种的植物性资源中，只要摄取其中的14种就可以满足他们所需求的总热量的四分之三。仅就栽培的品种来说，人类生存所依存的作物只有15~20种，所以，人类与类人猿的主食摄取没有太大区别。因为麦类、米类、玉米类，还有根菜类和杂粮类是人类维持生命的主要热量源。

看到食物的明细，我又发现了另一个令人震惊的事实，那就是猿的肉食性。从前，人们一直坚信猿猴是纯粹的素食主义者。人们都认为：原猿类以昆虫为主食，并且随着身体的成长，它们的食物也由果实转向茎叶。

可是，到了20世纪60年代，首先是由美国人类学家埃尔文·德沃尔[2]目击到狒狒吃羚羊的场景，紧接着先驱研究者珍妮·古道尔[3]博士发现了黑猩猩食肉，这令学界大为震惊。而被认为是绝对素食主义者

---

1. 理查德·李 (Richard B · Lee)。——译者注
2. 埃尔文·德沃尔 (Irven DeVore)。——译者注
3. 珍妮·古道尔 (Jane Goodall)。——译者注

图2-9 各地黑猩猩食肉的频率 观察记录的时间跨度为：泰国7年，贡贝10年，马哈雷2年（河合雅雄，1992年提供）

観察地域	タイ		ゴンベ		マハレ	
種名	数	%	数	%	数	%
アカコロブス	63	77	203	64	43	57.3
クロシロコロブス	11	14	—	—	—	—
アヌビスヒヒ	—	—	8	3	—	—
アカオザル	—	—	5	2	5	6.7
チンパンジー	+	—	5	2	2	2.7
その他のサル	7	9	—	—	3	4.0
ヤブイノシシ	+	—	51	16	3	4.0
ブッシュバック	—	—	39	12	3	4.0
ブルーダイカー	+	—	—	—	7	9.3
その他	—	—	4	1	8	10.7
計	81		315		74	

（除偶尔吃昆虫以外）的大猩猩，却在它的粪便里发现了动物的骨头，这就再次触动了人们的神经。并且，根据动物学家戴安·福西[1]对这个骨片的分析，以及对在大猩猩粪便中发现的幼崽的毛的推测，大猩猩杀死幼崽同类相食的迹象明显，这就更加令人毛骨悚然。

上图2-9转引于河合雅雄，而河合雅雄引自布什夫妇的研究。通过上面的图表可以了解到，黑猩猩除了吃树上疣猴外也捕食同类，还捕食小羚羊类以及野猪类的哺乳动物等。这些数据表明，黑猩猩与原始人类一样同类相食，也是地道的采集狩猎的物种。

从图表中我们还发现了两个颇有趣的事实：一是因地域不同而狩猎的对象有较大差异。比如，红疣猴在三个地区被捕食的比例都很高，黑白疣猴在泰国属于黑猩猩的食域范围，但在其他地区却不属于食域范围。另一个是，在贡贝和马哈雷的黑猩猩捕食非洲灌丛野猪[2]，但在泰国尚未发现有捕食的迹象。蓝小羚羊的肉质十分鲜美，甚至连俾格米人都喜欢吃。不过，这种动物不栖息在贡贝，所以在那里没发现黑猩猩吃过蓝小羚羊也是理所当然的。可是，即使蓝小羚羊栖息在泰国，它

1. 戴安·福西 (Dian Fossey)，美国动物学家。——译者注
2. 灌丛野猪：bushpig。——译者注

却同非洲灌丛野猪一样尚未发现被黑猩猩捕食的情况。也就是说，除了生态系统所决定的地域差别外，黑猩猩在不同的族群之间还存在着对猎物选择的文化差异，并且，这种文化差异通过实践传承了下来。

还有一个引人注目之处，那就是黑猩猩食肉的频率与食域的范围相比格外低。在马哈雷山地的黑猩猩的食肉频率最高，但平均一年也只有37次。虽然图表中对种群的头数以及捕获的肉量没有明确的标注，但是，笔者通过其他资料了解到的情况是，成年黑猩猩平均每年的食肉量大约为10千克，每天平均仅有约28克。这个数据如果与闪族人的日均摄肉量相比，理查德的统计是每天256克，田中二郎（1990）的统计是每天300克，所以，大黑猩猩的日均摄肉量仅为闪族人的十分之一。大正末期的日本人平均每人每天对肉的消费量不足4克，尽管黑猩猩的日均摄肉量比大正时期的日本人要多，但也不能就此认为，成年黑猩猩食肉是为了补充植物性食物营养成分的不足吧。

那么，黑猩猩为什么吃肉呢？类人猿似乎是把昆虫、鸟兽作为副食嗜好品来吃的，它们都是了不得的美食家。至于猿的嗅觉有多发达，因检测很难，此项调查基本没有什么进展。不过，现在观察到的是，饲养的猿猴很乐意吃平时没有吃过的点心类、汤面类等。这就意味着，“猿”这个群体，在某种程度上已经摆脱了遗传基因的束缚，形成了自己特有的文化，同时，作为个体，在食物选择上也具有很大的弹性。换句话说，当我们在看到“集团”内的个体嗜好发生了变化的同时，也看到了改变“集团”文化的可能性。

比如，在著名的宫崎县的幸岛上曾发生过这样的一幕：有一天，一只小猴把人们给它的红薯上的沙子，用海水洗掉后，才开始吃。这个洗红薯的文化后来波及了整个族群，洗麦子的文化也是如此。一般情况下，这类行动多由好奇心强的小猴子或是离开族群的孤猴子所为。之所以这么说，是因为在某种文化中长期生活的成年猴（人也同样）都很保守。文化是过去几个时代的体验的结晶，因为超出常理的冒险行为往往意味着死亡的危险。哪些食物的哪些部分有毒、哪些部分无毒等这些知识，都是以文化的方式，母传子、子传孙，如此代代相传的。还有一种叫马醉木的植物，鹿、马以及牛等若是吃了它的叶就会被麻醉，原因是叶子里面含有一种能使细胞自动坏死的毒素，所以动物们都不吃它，马醉木也是因此得名。这些识别能力不是学来的，而是与生俱来的，所以它不能称为文化。

文化担负着保证物种延续的作用。所以，虽说文化是穿脱自如的外套，但同时它又是捆绑着生活在其中的人和猿的强有力的束带。日本人喜欢生吃海参、章鱼等，而西方人看着就不寒而栗。可是，若是把干炸蚂蚁、蜘蛛，或者是将蝎子、蛾子的幼虫烧制后端上餐桌，日本人就会被吓得魂飞魄散，逃之夭夭了。当然其中不乏敢于尝试的勇敢之人，但这一般只限于好奇心极强的年轻人或者是脱离了自己所属文化的孤僻之人，在这一点上人和猿基本相同。因此可以认为，猿不仅具有摆脱遗传基因的束缚、创造文化的能力，甚至还有超越文化束缚的能力。也正因如此，它们的食性和食域的多样性以及广泛性都得到了很好的保持和进一步的发展。

如此看来，人的食域和食性的大部分特征，均来自猿的馈赠，就食物的领域而言，人类与猿类是具有连续性的。如吃土的习俗，即食土癖，自古希腊以来，也蔓延至世界各地，因此，人类的饮食文化基础是源自猿的遗产这一惊人的事实，随着灵长类学说的发展而逐渐明晰起来。今天，不仅是民族中心主义，就连人类中心主义的观点也已经遭到否定。

人类与猿类的差异

人在饮食文化上的特征，比如使用餐具进餐以及杂食性等，几乎

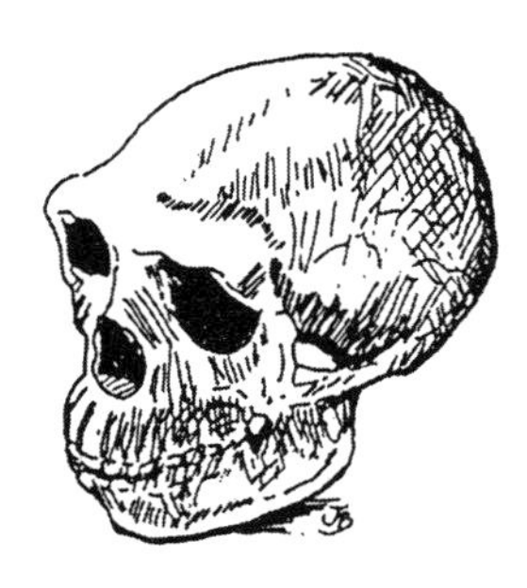

图2-10 疑似进行礼仪性食人的北京猿人头盖骨的复原图（巴罗，1997年提供）

都是从猿那里继承过来的。不仅如此，食物的赠予、交换，以及禁止近亲发生性行为等原则也是人类构建社会体系的重要的基本要素，而这些要素的原型也是猿类赠予人类的。正如达尔文所论述的那样，“高级动物的智力与人的智力，虽然在量上存在很大的差别，但在质上是相同的”。

然而，人类与猿类之间也存在着绝对的不同之处，那就是对火的使用。迄今为止，人们虽然对猿类的饮食文化做了大量的调查，但还没有一项关于黑猩猩或大猩猩用火使食材发生化学变化的事例报告。在人类中唯一不懂点火法的是安达曼岛上的岛民，在调查时才知他们不把火熄灭，而是小心翼翼地把它带在身上，以便随时使用。

距今大约30~70万年前，从北京猿人周口店遗址，科学家们发掘出了用火的痕迹，并且发现了被烧过的人骨，可能是同类相食，人们对此大为震惊。这说明人类大概在100万年以前的直立人时期（北京猿人也属于这一时期）就开始使用火。人类不仅能使用体内的能量，而且还会使用体外的能量，这是人类的最大特征。所以，人类在食材、食具的领域继承了猿类的遗产的同时，又更进一步形成了烹调法和冶炼法等更高层次的文化。至此，人与猿的同质性向异质性，连续性向非连续性发生了转换。

除火的使用外，这种更高层次文化的形成，换句话说，因为人类具有了通过文化赋予文化新内涵的高级文化，才使得人与猿之间产生巨大的差异甚至隔绝。

在前面曾讲过的类人猿使用工具的例子中，树叶无疑就是勺（羹匙）的原型，放油椰子果实的底座就是菜板，手里握的那个小石头就是握斧或者是餐刀的原型。虽说是刀，但并不是柳叶刀，而是刃较厚的去骨刀。用于掏树洞里的蜂蜜的树枝就是勺，用于挖果肉的树枝就是勺或是叉，但用于钓蚂蚁的树枝或许是叉、勺，也或许是筷子的雏形，无法分类。总之，猿类在面对不便吃到嘴里的对象（食物）时找到一个合适的物件，并通过这个媒介手段达到满足自己食欲的目的。从这个意义上讲，作为手段的物件，的确就是一件地道的食具。

但是，猿类所使用的工具，完全从文化意义去考虑的话，还算不上是食具。因为树枝还没有完全脱离自然，猿类的食具仍完全受制于自然欲望，还未成为实现文化欲望的手段。换句话讲，感觉——被纳入到运动层面的行动范围，表象——没有达到意义层面的行动。它们的行动完全受实际的现实利益所支配。长话短说，比如有一只猿猴，它所制作的用来钓蚂蚁的树枝比其他的多数猿猴做的精巧，钓蚂蚁的效率也高，但它并不能因此就得到特别的社会评价而当上首领，或接受其他猿猴的订单而从此成为一名制作工具的专家。

可是，人的情况就大不相同了。英语中有这样的表达："嘴里含着银勺子降生"。当然，根本就不存在叼着勺降生的婴儿。这只是一个比喻，它与"嘴里含着木勺子出生"是相对的，并将此作为是生于富贵之家，还是生于贫穷的示差符号。也就是说，在这里作为食具的勺，不再是为了达到某种实际目的的实用手段，而是成为体现社会地位、经济差距、文化状况等的一种表象。无论是银勺还是木勺，它们的功能是完全相同的，都能用来喝汤，但是，用银勺还是用木勺，在一定的社会背景下，它们所具有的文化意义是不同的。

作为符号的食具

食具由它的材质、形状以及装饰等部分构成了一种符号识别系统，下面就让我们来看个究竟。

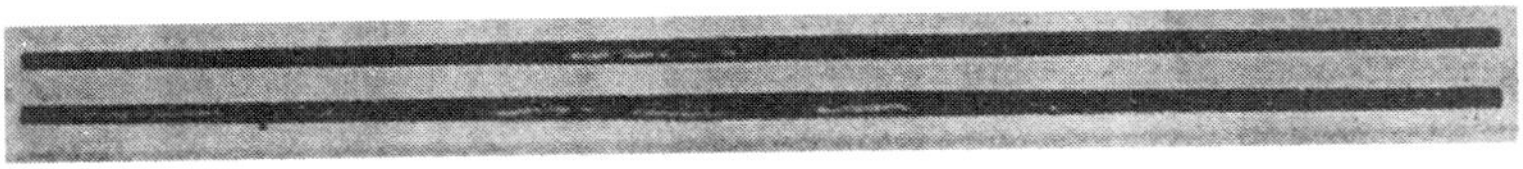

图2-11　金银筷/长25.8 cm，正仓院收藏（关根直隆，1969年提供）

日本的筷子：自古以来，不管是使用木制的还是竹制的，是使用骨角制的还是金属制的，它们的使用人基本是一定的。如正仓院里收藏着一双金银筷子（见图2-11），此外，根据《延喜式》以及各个寺院的资产账目的记录，筷子还有：白铜的、铁的、竹子的等。根据关根真隆（1969年）的记载："银筷子或者玉石筷子、白铜筷子为佛具或贵人的用具，一般百姓都使用竹筷子。特别是在文书（文件）中常出现'竹箸'[1]一词，就说明写经所[2]的写经生[3]，以及造寺所[4]的工人等也常用竹筷子。"后来，同是木筷子，紫檀、黑檀的筷子常供贵人用，杉木、桑木筷子供庶民用，烫金、珠光漆、彩绘等涂漆的筷子供上层阶级使用，不涂漆的白木筷子则属下层阶级的日常使用。

当然，在祭神时主要使用柳树原木筷，最基本的形状是中间粗两头细[5]，白木象征着洁净，而柳木暗示着神奇的力量。即便是现在，在贺新年时，人们仍使用柳木原木筷，以此来区别节日与平日的不同。另外，出于清洁卫生的考虑，招待客人时使用一次性的方便筷。在只有家里人用餐时，才使用各自平时的专用筷子，可谓是内外有别。

在饭店的餐桌上，如果摆放的是天削[6]、利休[7]、雾岛的竹筷子等，就

1. 竹箸：指竹筷子。——译者注
2. 写经所：抄写佛经的地方。——译者注
3. 写经生：担当抄写佛经的官厅，或者为富人家抄写佛经的人。——译者注
4. 造寺所：寺院、佛像等的维修部门。——译者注
5. 因神社的不同而不同。在日语里把这种中间粗两头细的筷子叫做"两口筷"，一般在祭神或庆典席间使用。——译者注
6. 天削：方便筷的一种，上端为斜切面的柏木筷子。——译者注
7. 利休：方便筷的一种，红杉树筷子。——译者注

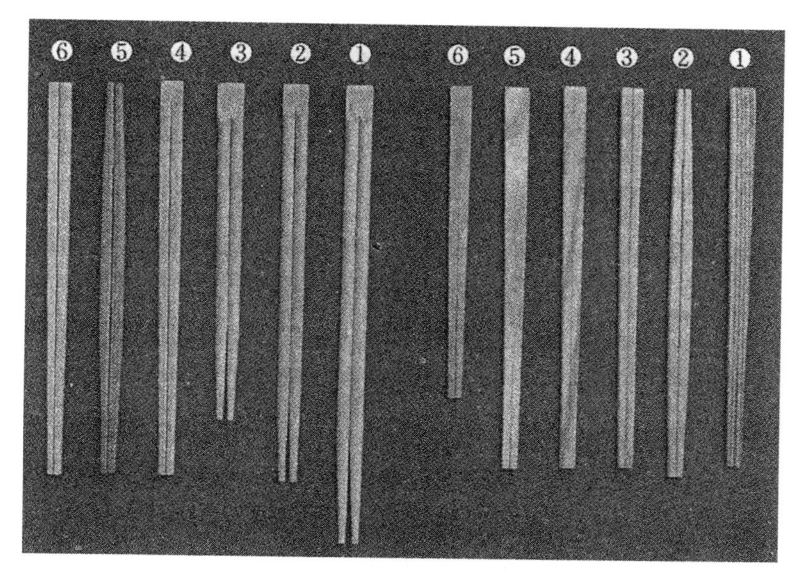

图2-12　方便筷的种类（一色八郎，1993年提供）
左：竹制筷子 ① 雾岛　② 阿苏　③ 九重　④ 天削　⑤ 利休　⑥ 角
右：木制筷子 ① 天削　② 利休　③ 元禄　④ 小判　⑤ 丁六　⑥ 丁六（盒饭用）

说明这个饭店的档次不低，预示着你要大饱口福了，不过你得做好花大钱的准备。如果放的是丁六[1]，就说明这家饭店是个大众餐馆，花费上不用太担心，但味道没把握（见图2-12）。话虽如此，在现在这种区别已不那么明显，但筷子仍然是衡量饭店格调的雅俗、饭菜等级的高低、客人经济实力强弱等的标志。而在猿类的食具中当然不存在这种文化内涵与功能。

虽不像日本把食具的符号功能分得如此细琐，但西方的食具同样也是一种识别符号。前面已叙述了木勺与银勺的符号意义，接下来只谈餐刀。从中世纪到近代，平民百姓所使用的餐刀，刀柄或是

1. 丁六：方便筷子的一种，比较简单，长度略短一点。——译者注

铁的或是黄铜的，表面非常粗糙、样子笨拙，而且是一家人共用一把。而王侯贵族所使用的餐刀，刀柄是金或银做的，有的还在刀柄上镶嵌象牙、珐琅、珍珠、夜光贝等，十分豪华，并且是人手一把。比如，黑尼施[1]在其著作《中世纪的饮食文化》（1992）中写道："1352年法国国王约翰二世，将高雅与虔敬结合起来，他定做了四季节时使用的黑檀柄切割用刀一套，复活节时使用的象牙柄的刀一套，还有圣灵降临节时使用的刀柄为象牙和黑檀，其图案是黑白相间的方格花纹的餐刀一套等，从这个订单就可以证明他不愧为昆斯伯里公爵的父亲。"

宴会的时候，王侯使用的是非常豪华的自用餐刀，而作陪的下属却是多人共用一把极其粗糙的下等餐刀。毋庸置疑，食具在这里成为了符号，它象征着使用者的社会阶级与身份地位。

差异化理论

一般来说，食具被定义为，为达到某种实际目的而使用的体外手段。的确，猿类是把树枝作为一种实用手段来使用的。可是，那些只有通过高级信号系统的语言才能与现实联系上，并生活在这种文化背景中的人，他们的目的与手段之间的关系，常常颠倒过来。比如，一般人们会认为，鞋是保护脚的手段，它是为了脚不被沙漠里的热沙烫伤或被北极的严寒冻伤而设计的。的确，拖鞋[2]发明于古埃及，而鹿皮软底鞋[3]由环北极圈的原住民所发明。然而，即便是现在，仍有赤脚生活的人，他们可以在"就连穿着坚固结实的登山鞋，全副武装的探险家都

1. 黑尼施（Bridget Ann Henisch）。——译者注
2. 拖鞋：这里指古希腊、古罗马人穿的一种简易鞋子，实际就是把一块皮子用细绳子绑在脚底下。——译者注
3. 鹿皮软底鞋：一种简易的鞋子。——译者注

图2-13　各种厚底/平跟鞋子，15至18世纪最为盛行，特别是以厚底鞋最为知名，其高度在6~30英寸之间（罗西，1899年提供）

感到困难的高温多雨的密林以及山岳地带”满不在乎地行走。在日本的修验道[1]以及存在于世界各地的踏火表演仪式上，修炼者光脚在烧得通红的火上走过去，脚竟然安全无恙。就是说，他们即便不穿鞋子，一定也没感到特别的不便或不自在。

在15至18世纪的西方，为什么会流行鞋跟的高度竟有50~60 cm的凉鞋（见图2-13）？其原因，如果单纯从鞋的功能来解释的话，恐怕是解释不通的。据说由于鞋跟太高，当时宫廷的女性们着急赶路时，只好用手托起裙子像袋鼠一样地跳跃着前行，而且还曾有怀孕的女性因为跌倒而导致流产的事件发生。直到20世纪末，日本仍然流行厚底鞋，因此而摔伤的，甚至摔死的年轻女性不在少数。如果这样，鞋已不再是脚的保护器，而是凶器。

衣服也不例外。在16~18世纪的西洋，女性们为了塑造杨柳细腰的形象，用束腰带将腰紧紧地缠卷起来，以至于危害到了健康。这用“衣服是为了保护身体”的一般认识是解释不通的。日本的衣服，不

1. 修验道：奈良时代成立，以“役小角”为开山祖的密教之一派，在山里修行，以念咒祈祷为主。——译者注

论男女一律都是右大襟，而西方的套装则是男右女左。并且，为什么下身要穿裙子和裤子？这从功利主义的观点也是无法解释的。人类学家马歇尔·萨林斯[1]认为：不是效用创造文化，而是文化创造出了效用。他说：

> 一些理论简单明了地强调说：文化是个人追求利益最大化的合理活动的结晶。这就是原来的“功利主义”，它的逻辑在于手段=目的这种关系的效用最大化。客观的效用理论是自然主义的，或是生态学性质的内容，强调的是，人们为在一定的集团以及社会秩序下生存，所必需的、对物质的理性认识，这些都抽象地表现为文化形态。有利地适应自然界内生存的体系是这些理论的逻辑所在。而本书欲提出的是与这类实践理性相对立的另一种理性，即象征理性或者意义理性。事实上，人类天生的特质，不在于必须在同其他的有机体共享（自然资源）的物质界中生存，而在于体现人类能力的独立性，在自己创造的意义体系中生存。因此，我认为：文化并不是必须要顺应物质上的限制，而是在遵从并非单一的象征体系中存在，这就是文化的决定性特质——给不同的生活方式赋予不同特征。因此可以说，创造效用的是文化。

目的与手段的颠倒，产生了人类作为幻想共同体的文化，其结果是，只有透过这个“文化”的面纱，才能与现实联系起来。一般认为，人与黑猩猩的遗传距离[2]只差0.5左右，但是，两者之间的文化差距之大超出人们的想象。无论如何，黑猩猩使用食具只是从实际目的出发，而人则是从文化出发，将食具作为符号来使用。或许有人认为，这个观点有些极端，所以，下面就列举一个经常被实施的恶作剧实验。

假设现在有一个价值数十万元的葡萄酒或白兰地的空瓶。往里

---

1. 马歇尔·萨林斯（Marshall Sahlins），美国人类学家。——译者注
2. 遗传距离：生物学术语，是衡量品种间若干性状综合遗传差异大小的指标。——译者注

注入几千日元一瓶的中等品质的葡萄酒或白兰地，给朋友拿去，让其品尝。结果多数人都会说"真不愧为极品啊！"或"路易十六世就是与众不同"等这类话，只要不是特别懂酒的人都会喝得津津有味。其实，此时人们喝的不是瓶子里的实体（酒），他喝的是瓶子上的商标。也就是说，被瓶上的商标符号欺骗了，而丧失了真实的味觉。

通过这种与现实的真实接触的丧失，法国的精神分析家闵可夫斯基[1]阐明了近代精神分裂症的发生原因。

其实，在本书的开端介绍的布里亚·萨瓦兰[2]的警句"吃什么样的饭"中，除同化理论外，也包含着差异化理论。"吃什么样的饭"，首先是用来区别人与动物，其次是区别本民族与其他民族，再次是本民族内部的区别，如性别差、年龄差、阶级身份差以及经济上的差异等。比如，在古代的中国，东夷、南蛮吃生鲜的食物，北狄、西戎不吃谷物。即是说，人们通过吃不吃谷物，或者吃不吃煮或烤熟了的肉，来区别中华民族与野蛮民族。大航海时代以后，世界各地发现原住民时，西方人认为："野蛮人"不仅吃生肉，而且还把同类的肉烤了吃。而他们自己只吃烹饪好了的肉，并且不吃人肉（不过有那样的迹象），并将此作为自己是文明人的证据。

在西方社会里，自中世纪以来，白面包被认为是上层阶级的食物，黑面包是下层阶级的食物，牛的里脊肉和牛的腰部肉是用来招待客人的，而下水（内脏）是给佣人吃的。布鲁诺·劳瑞约[3]（1989）："餐桌是显示社会阶层的场所，关于这一点中世纪末的人们都已经意识到了。"她还列举了14世纪发生在维也纳的一个例子。

在礼拜日的午餐上，端给王太子夫妇的是一只大个的童子鸡或

---

1. 闵可夫斯基 (Eugène Minkowski)。——译者注
2. 布里亚·萨瓦兰 (Jean Anthelme Brillat-Savarin)，法国著名美食家。——译者注
3. 布鲁诺·劳瑞约 (Bruno Laurioux)，中世纪烹饪史专家。——译者注

两只童子鸡的碎肉酱各两盘，而给首领以及地位高的骑士们的只有一盘，下级骑士则两人一盘，再下一级的，如侍从、礼堂的司祭、小圣堂的神职人员，每两人一盘四分之一只大的母鸡或是半只童子鸡和八分之一片猪腿肉的横切片的碎肉酱，至于处于末端的随从们只能在别的地方吃，而他们的午餐没有鸡肉，只有两人一盘的十二分之一的猪腿肉的横切片。

当时，人们认为家禽比猪高级，因此城堡里人员的社会身份等级通过配餐的数量与质量得以体现。厨师们把认为营养少的家禽供给高雅之人——社会的上层阶级，而把认为能够“强身健体”的“下等肉”（牛肉、羊肉、猪肉）供给体力劳动者以及贫困者。

这种在食物分配上反映出来的赤裸裸的阶级差别，不仅仅存在于古代的西方。在18世纪的卢安果王国[1]，就把香蕉定为是统治阶级的食物，而玉米则是贫民与奴隶的食物。在萨摩亚群岛，在特殊喜庆的日子里，男人吃石锅猪肉，而在平常的日子里，女人吃煮芋头。日本的情况也完全相同。从平安时代到江户时代，上至宫廷下至百姓，不论是纵向的还是横向的比较，如同前面例子中所介绍的那样，存在着形式繁琐的社会阶级差别，在此不做详细叙述。

比如，在飨宴上，有地位的贵族坐在屋内的小凳上围着餐台吃（“殿上”一词就来自此），而地位低的下级则席地而坐（“地下”一词即来自此），围着小矮桌吃。而根据就餐人的身份的不同，餐桌上摆的菜肴，不论其数量、食材、烹调的方法以及菜肴的质量都不相同。“饮食”体现了等级制。室町时期的飨宴场景也同样，从场所、座次到饭食、菜肴的种类、数量，以及餐具、食具的品质等，都根据身份、地位制定出了相应的符号体系，这一点从皇族以及将军等外出时的一些招待菜谱的

1. 卢安果王国：位于现在的刚果布境内。——译者注

记录中得到了证实。

即便是江户时期的商家，也有十分严格的等级秩序的划分。如：从席位看，丈夫坐上座，其他人依次坐。从饭食、配置看，给丈夫的鱼是带头尾的，给妻子和孩子的只是鱼尾和鱼腹部分，给家族的是米饭，给佣人的是麦饭。在农村，一般村长用的是陶瓷碗，普通农户用的是木碗。虽时代与场合的情况各异，但在饮食上的差异化符号体系却始终存在。

不只是"吃什么"，"用什么吃"的食具问题，与"食物的符号论"一样，"食具的符号论"当然也是成立的。如果借用法国的社会学家皮埃尔·布迪厄[1]的"文化资本·经济资本"的概念，并用"正"、"负"号来表示其"有"、"无"，以平常用的筷子和一次性方便筷来区别社会阶层的话，大致情况如同图2-14所示。在此，图中把特殊日子、平时日子、内与外的对立也列入其中了。

关于经济资本在此无须赘述。所谓文化资本，根据《社会的判断力批判》(1990)中所讲到的，它是由以下三种类型的资本构成，即：知识、教养、爱好等主体性资本；书籍、绘画等客体性资本；学历、资格等制度性资本。这些资本靠的是个人的积累。因此，坐标轴的上端是出自名门的上层阶级，下端是一般庶民，左端是知识阶层，右端是富裕阶层。当然，这种分类配置未必正确，仅供参考。

总而言之，口食是包括人类在内的所有动物的生物学上的基本条件。在此基础上，人为了使自己有别于其他动物，换句话说，为了表示人的尊严改为手食。可是，研究人员发现在以猿为首的少数动物里也有手食的现象。于是，人类为进一步区别于其他动物，改为使用食具进餐。并且，试图从动物、其他文化、其他阶级等"他性"中分离出来，

1. 皮埃尔·布迪厄 (Pierre Bourdieu)，法国当代社会学家。——译者注

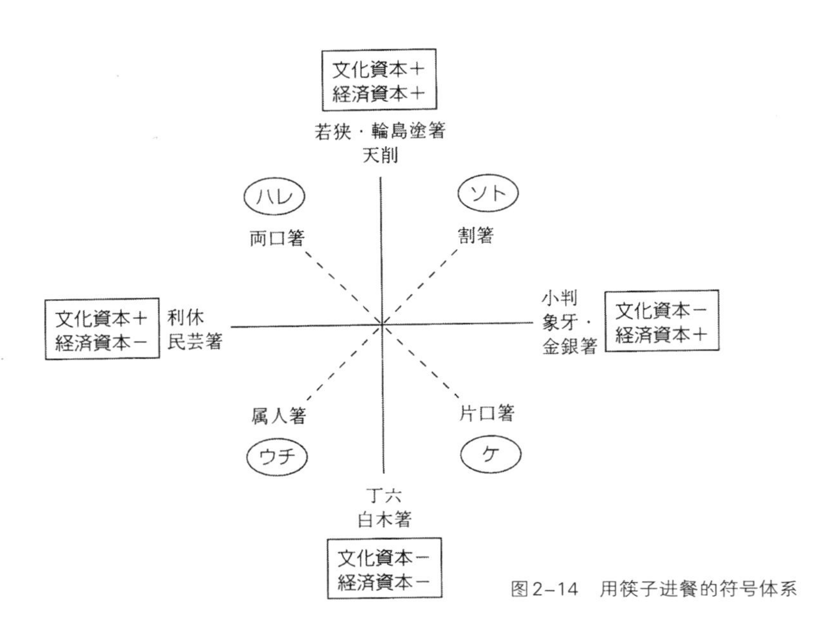

图2–14　用筷子进餐的符号体系

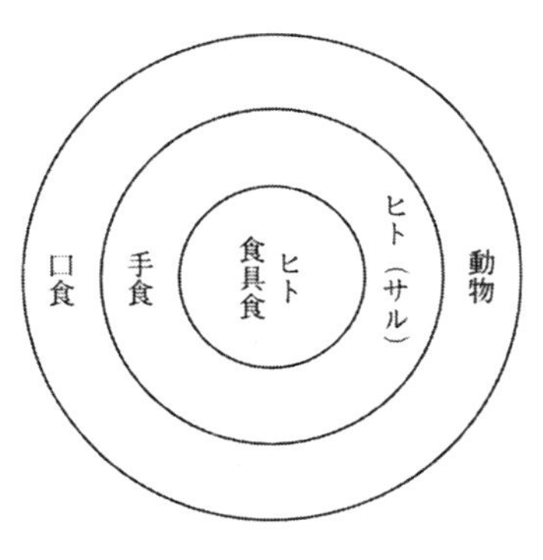

图2–15　食具的构造

从而确立属于自己集团的自我同一性（见图2–15）。

虽说如此，从文化层面上看，用食具进餐并不意味着比手食先进。这三层结构所表示的，尽管程度有所不同，但都说明了人是一种试图借助食具这个符号媒介，来尽可能地脱离动物性，并与自然保持距离的奇妙的动物。

第三章

食具的文化史

当然，食具是以“吃”为目的，辅助人类把食物送到嘴里的工具。不过，由于目的与手段的颠倒，使它成为了在不同文化之间以及同一文化内部表示各种社会意义的识别符号。也就是说，在它把食物送到口里的同时，也传递出了某种意义。

但是，并不是所有的食具都传递着同一种意义。如前所述，食具文化圈可大致分为筷子文化圈和三件组合文化圈。从“吃东西时，都用食具”这个意义上说，两者是等价的。但它们各自的文化意义是否相同呢？要明确这个问题，首先有必要了解一下筷子、勺、餐刀、叉子的历史。

筷子的历史

日本的筷子

以前有一句电视广告语：因为我是使用筷子的国度里的人嘛。这句话想必有很多人还都记得。的确，日本有很多与筷子[1]一词有关的谚语。如："动不动就挑毛病"[2]、"见啥都可笑"[3]、"无计可施"[4]、"没有拿过比筷子更重的东西"[5]（用来比喻出身优越从没受过苦的人）。这些谚语里，都包含着"箸"（筷子）一词。自明治以来，西方食具进入日本，并且已在日常生活中使用，但它们到底还是配角，扮演日本食具主角的仍然是筷子。

最近，日餐的优势重新受到审视，在国外出现了不少日本料理店。但是手指笨拙的西方人似乎不太会使筷子，常看到他们用筷子费力地夹那些低热量、理想的减肥食品——豆腐、魔芋、海藻类食物的情景。我在前面曾经讲过，弗洛伊斯对日本人灵巧地使用筷子赞叹不已。当然也有在日期间一贯坚持使用餐刀和勺的，比如科埃略[6]神父等。甚至有人认为，日本手工艺品的别致程度以及精密仪器类的精巧程度之高，是因为使用筷子而使日本人的手指变得灵活了的缘故。然而，直到6世纪，日本人也一直都是手食的。那么，日本究竟从什么时候起成为了使用筷子的国家呢？

《记·纪》中的筷子

首先，让我们从常被引用的古代神话里有关筷子的故事说起吧。须佐之男命[7]在天上行为放荡，被赶出高天原后，流落到出云国的肥河上游的鸟发之地[8]。这时，"有一双筷子顺河而下，须佐之男命意识到河的上游有人，于是沿河寻觅，结果发现一对老夫妇正在安慰一名

1. 筷子：日语"箸"（はし）。——译者注
2. 动不动就挑毛病：日语的说法为"箸の上げ下ろしにも小言をいう"。——译者注
3. 见啥都可笑：日语的说法是"箸が転んでもおかしい"。——译者注
4. 无计可施：日语的说法为"箸にも棒にもかからぬ"。——译者注
5. 没有拿过比筷子更重的东西：日语的说法为"箸より重いものをもつことがない"。——译者注
6. 科埃略（Gaspar Coelho），耶稣会日本区副管区长。——译者注
7. 須佐之男命：日本神话中著名神祇，伊奘诺尊所生三贵子之么子。——译者注
8. 鸟发之地：现在的鸟取县的船通山。——译者注

少女”。这是古事记中的故事，著名的降伏八岐大蛇的传说就是从这里开始的。故事中有关筷子的记述，虽说年代不详，但被认为最早的记载。

不过，有一种说法认为：当时的筷子不像今天我们用的两根筷子，而是把一根竹棍儿折成V字形，是像夹子一样的东西。因为如果是两根筷子，就不可能一起漂流下来，而若是分别漂流下来，就与黑猩猩所用的一根树枝没有区别了。

在大尝祭[1]上或者在年代久远的神社里，人们将这种筷子作为祭神的供品，从这点上看，可以认为，在使用两根筷子之前，日本就已经有折叠式的筷子了（见图3-1）。

正仓院里收藏的铁制和银制的V字形的夹子，也就是钳子的一种，则是最好的旁证。不过，一般认为，大尝会[2]始于天武时代，而在大阪府岛田遗址出土的折叠式筷子被认为是8世纪的东西，所以，还不足以证明它就是两根筷子的前身。考古学家佐原真（1999）断言说："并没有确凿的证据证明折叠式筷子是弥生时代或古坟时代的古物。"由此，鸟越宪三郎对以前的观点也表示怀疑，并认为折叠式筷子不是日本筷子的原形，而是两根筷子从中国传到日本后，在此基础之上又创造出了祭祀用的"折叠式筷子"。

据说新几内亚也有类似的折叠式筷子，所以，或许这将成为折叠式筷子的独立起源说的证据。可是，据周达生（1998）记载，公元前433年在湖北随州的曾侯乙[3]的墓中出土了类似古代弓弭（两端系弦的地方）形状，长一尺二寸的折叠式的筷子。对此虽众说纷纭，莫衷一是，但笔者认为不论是"折叠式筷子"还是"两根筷子"，有可能都是从中

1. 大尝祭：是日本天皇即位仪式的一部分。——译者注
2. 大尝会：大尝祭时由朝廷举办的宴会。——译者注
3. 曾侯乙：战国时期南方小国曾国的国君。——译者注

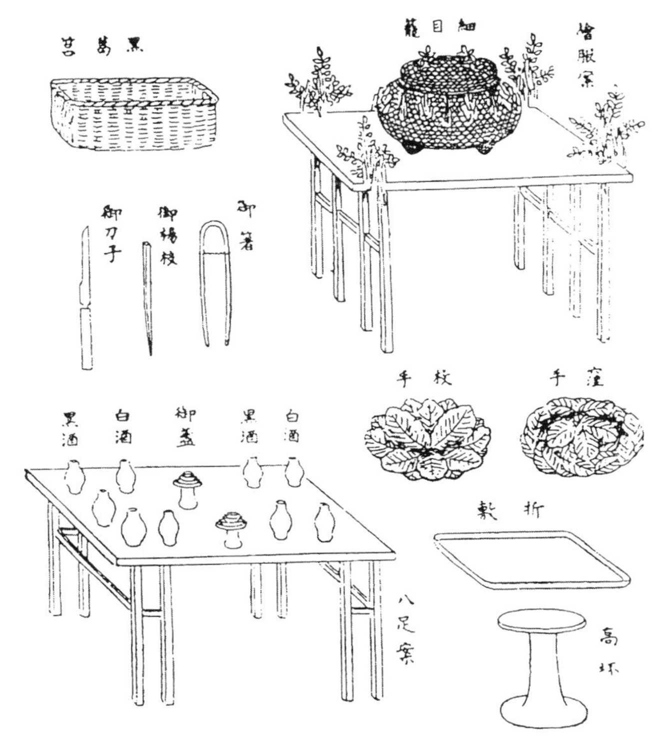

图3–1　大尝祭所用食具、餐具（江马雾，1988年提供）

国传来的。

在《日本书纪》里，有个著名的筷子墓传说。这是一个异类圣婚的故事。

> 从此，倭迹迹日百袭姬命[1]成为大物主神的妻子。可是，大物主神[2]白天不露面，总是晚上来到倭迹迹日百袭姬命的闺房。于是，倭迹迹日百袭姬命对夫君说道："白天不能与你见面，也看不到你的容颜，

1. 倭迹迹日百袭姬命：孝灵天皇的皇女。——译者注
2. 大物主神：镇守大和三轮山的大神。——译者注

图3-2　筷子墓古坟（中央）与三轮山（左）/（一色八郎，1993年提供）

你早上能不能晚一点走，让我看看你那英俊的仪表”。于是，大物主神回答道：“说的也是，那我明天进到你的梳妆盒里，不过，看到我的真面目时，你一定不要惊讶”。倭迹迹日百袭姬命心中充满疑惑，待到天明打开梳妆盒一看，里边竟然是一条漂亮的小蛇，如纽扣大小，倭迹迹日百袭姬命不禁发出了一声尖叫。此事令大物主神十分难堪，即刻变成了人形，对妻子说道：“你让我蒙羞，现在该轮到你了”，说罢，便腾云驾雾飞向三轮山。倭迹迹日百袭姬命懊悔不已，仰望天空并瘫软在地。就在此时，她的阴部（下身）被筷子刺中而身亡。后被葬在大市[1]。故此，人们将其坟墓称为“筷子墓”，并传说这座坟墓在白天是人建造，夜里由神建造而成（见图3-2）。

南方熊楠认为：这是一个将蛇作为图腾的部落里的男性与其他部落的女性之间打破了禁忌的恋爱故事。吉野裕子则将这个故事与《常陆国风土记》中关于蛇身的故事联系起来，并认为上古时

1. 大市：现在奈良县樱井市。——译者注

期的日本存在蛇巫。对此说法我们姑且不论，筷子究竟是两根的，还是V形的，在故事中并没有明确记述。不过，因为是将倭迹迹日百袭姬命刺死的，所以筷子的头部应该是尖状的，并且两根筷子的可能性很大。

可是，为什么刺死倭迹迹日百袭姬命的是筷子而不是其他？这是因为筷子一般作为法罗斯（灯塔）的象征，蛇虽然也表示各种象征，但其中之一，它是象征有男根的祖神，且在世界各地都有流传。

神功皇后欲出征新罗（现在朝鲜）的故事，也来自《古事记》。

神灵附体的息长足姬准备出征西方宝国（指朝鲜），受到天照大神的启示："汝若想获取其国，应向天神地祇，乃至山神海神等诸神悉数供奉，然后将我的魂载入船中，把真木灰装入葫芦里，多做一些筷子和槲树叶的盘子，然后将其撒入大海，使其漂流在水面上。"

当息长足姬按神的旨意准备好一切之后，就开始集结军力出发了。于是，如《日本书纪》中所记载的那样，海里的鱼全浮出水面协力推进，船没使用舵和桨就顺利到达了新罗。此时，由船掀起的波浪，正滚滚流向新罗内陆，新罗王见状惊恐万分，很快就投降了。这是一个传说，所谓"真木"是指优质树种，具体指杉树或柏树，而葫芦则是指在福井县鸟滨遗址出土的绳纹前期的容器。至于用槲树叶子做的盘子，则是将多枚槲树叶子摆成圆形，然后用竹签串起来使之成为一种扁平状的器皿[1]（类似盘子，译者注），关于扮演重要角色的筷子的材质以及形状，在此不得而知。但日本人曾把筷子作为祭神的供品，以求航海的安全是确定无疑的。

一般认为，上述的神话故事出现的年代分别为：建速须佐之男命是神话时代，大物主传说是"神武记"（公元前6—公元前7世纪）与

---

1. 注：类似盘子。——译者注

"崇神记"(公元前1世纪),而神功皇后的传说与卑弥呼的年代大致相同,即公元3世纪。据此,我们可以判断,日本从这时起,就已经有筷子了。

本田总一郎却认为:"日本的筷子也受到了隋唐的影响,它是在8世纪开始普遍使用的食器的前奏,诞生于弥生时代晚期(3世纪左右)特殊的祭神仪式之中。它是为了防止因手的触碰而玷污了供品,确保以神圣且清洁的方式向神灵供奉,并作为与神共食的神圣的祭器而诞生的。"本田强调了独立发生说。

但是,从弥生到古坟时代的遗迹中至今尚未有筷子出土。尽管说法不一,但像猿一样将树枝当成签子或筷子使用的可能性是存在的。不能因没有实物出土就肯定地说它不存在,但没有实物的出土同样也不能断言它的存在。对此的断定,还是应该以实物为证。关于这个问题后面还会涉及,但是,太安万侣[1]难逃年代错位的嫌疑,因为他把存在于他自己所处的时代(《记·纪》问世于8世纪)的筷子投影到了过去。

筷子的传入

筷子在推古十六年(608)传入日本。当时,小野妹子从隋朝回国,为了款待随他一同来访的隋朝使节裴世清,宫中举行了盛宴,并在宴席上采用了中国式的餐桌礼仪,将两根筷子和羹匙摆在了餐盘上。这是在我国(日本)使用筷子的最早记录,而这一记录已被确认。可能是日本人担心被蔑视为"野蛮的"手食民众,而临时采纳了先进国家(中国)的进餐礼仪。《旧仪式画帖》中的有关新年庆祝宴席的记录显示,内膳司在马头盘中摆放银筷子、羹匙、木筷子,然后将其放在餐台上。《厨事类记》(11世纪末以后)的绘画中同样摆放着筷子、木筷子、羹匙

1. 太安万侣:奈良时期的文官,编撰《古事记》。——译者注

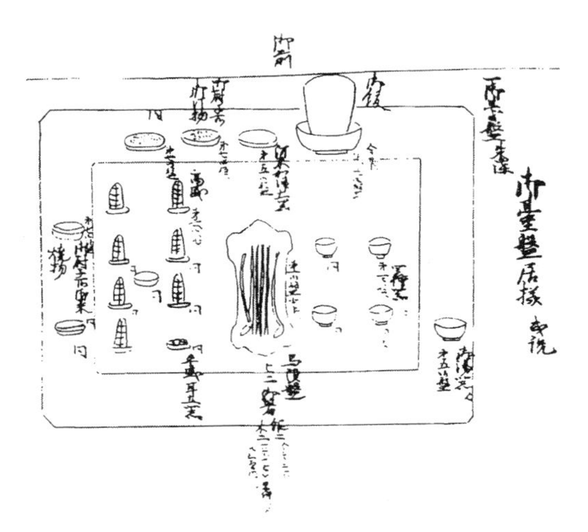

图3–3 大饗会（宫中的盛大宴会）餐桌/《厨事类记》的上卷部分，庆应义熟大学三田媒体中心收藏（能仓功夫，1999年提供）

等（见图3–3）。

但令人不解的是，图中的食具是纵向摆放在餐盘的中央，而在几乎处于同一时期（12世纪初）的《类聚杂要抄》（卷一）上（见图3–4），筷子和羹匙是横向摆放在面前的。这张图中的筷子和羹匙是直接摆放在桌子上的，当然也有使用筷枕的。但是究竟何时开始，摆放方向由纵向变成了横向呢？

现在，筷子在中国是纵向摆放，在日本是横向摆放。可是，在古代的中国，筷子和勺子都是横向摆放的。这从陕西省长安县南里王村唐朝中期的墓壁画以及唐朝晚期的敦煌莫高窟壁画的宴会图中可以得到证实（见图3–5）。田中淡[1]就莫高窟壁画讲道："这个宴饮图是极为罕见的例证，它真实地反映了汉族的进餐习惯已演变为坐在椅子上进餐的情形，同时也记录了筷子和勺子组合在当时的具体使用方法，以及当时与后来在使用方法的差别的珍贵资料。"可是，在五代画家顾闳中[2]描写的唐朝大臣韩熙载[3]的奢靡生活的图中（见图3–6），筷子和勺子已经是纵向摆放了。这幅画是宋摹本，即宋朝

1. 田中淡：1946年生于日本神奈川，专攻中国建筑史。——译者注
2. 顾闳中：南唐著名人物肖像画家，传世代表作为《韩熙载夜宴图》。——译者注
3. 韩熙载 (902—970年)：五代十国南唐官吏。后唐同光进士。——译者注

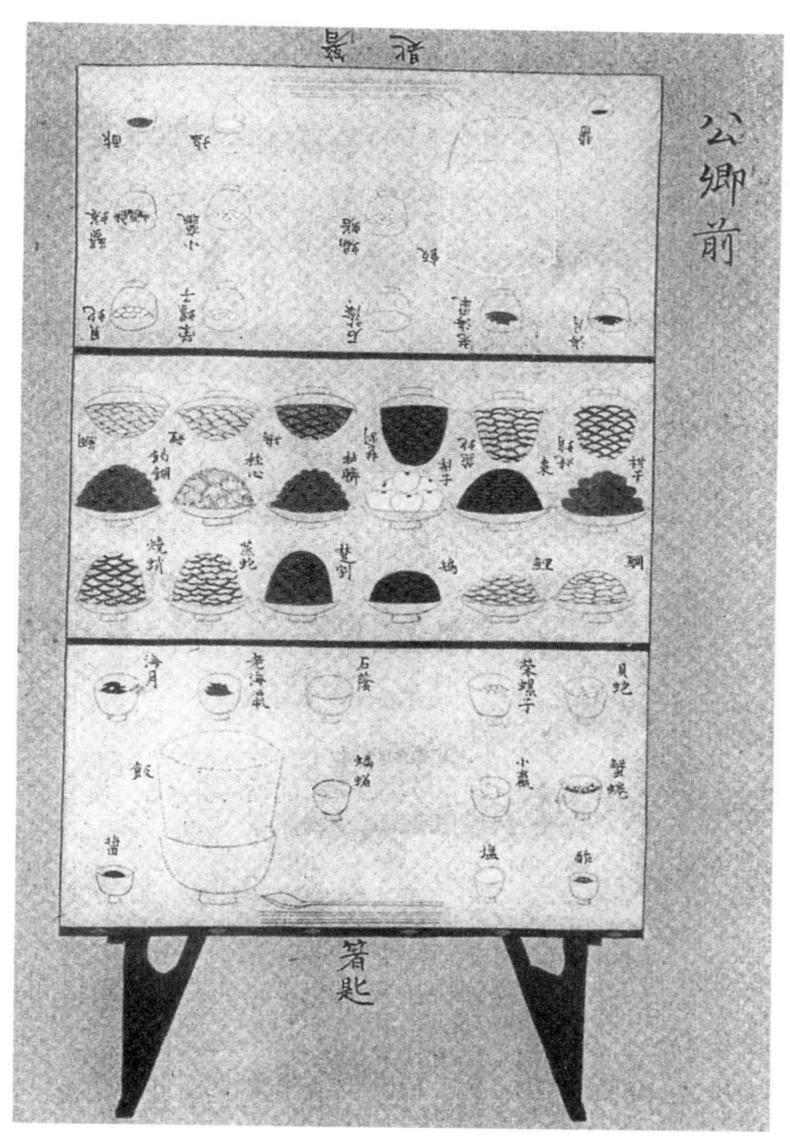

图3–4 大饗图/《类聚杂要抄》(选自《讲座·饮食文化》第2卷,1999年)

图3-5　宴饮图/甘肃·敦煌莫高窟437窟壁画，晚唐（田中淡，1985年提供）

图3-6　顾闳中"韩熙载夜宴图"/部分，五代，宋摹本（田中淡，1985年提供）

的摹写本，所以其两件组合或许就是后来画上去的。如果是那样，反倒证明了纵向摆放在宋朝已经很普遍了。如张竞（1997）所言，在五代之间，中国的筷子开始发生90°方向的变换，而完全的转变过来则完成于元朝。不过，关于唐朝以前的摆放方法的变迁情况，目前尚不知晓。

相对地，日本的奈良时代的情况因为没有图鉴，所以情况不详。但是，根据资料至少可以判断，在奈良时代的晚期，原则上，筷子是纵向摆放的。然后逐渐向横向摆放过渡，到了镰仓时代才完成了90°的方向转换。所以说，筷子即便是从中国传来的，但中日两国筷子的摆放方向基本是在同一时期发生了逆转。在贵族的庆祝宴上，中国直到唐朝五代为止都是跪坐在地板或床上，可是到了宋代则改坐在椅子上。而日本却正相反，平安朝时期坐在椅子上，后来改坐在地板上或榻榻米上了。为何会出现这种差别，其原因不得而知。但如果从日中之间的这种双向颠倒的结构来看，在日本流传至今的进餐方式——将筷子的横向摆放，坐着进餐的饮食方式，不是模仿中国，而是同筷枕、夫妻筷等一样，都是日本独自发展起来的模式。

来自土中

日本何时开始使用筷子这个问题，如果不依靠文献，而是从考古的角度来看，到底获得了多少确凿的证据呢？其实，笔者本人从未参加过发掘工作，所以，在此只能完全以考古专家的研究成果为依据。

首先，日本最古老的筷子，出土于公元前655年被大火烧毁的飞鸟板盖宫[1]，材料为柏树，做工比较粗糙，头部略尖细（见图3-7）。其次，根据前面提及的佐原真的论文（1999），在藤原宫（694—710

1. 飞鸟板盖宫：7世纪中叶皇极天皇（日本第35代和第37代天皇）第二次即位的宫殿，今奈良县高市郡明日香村附近。——译者注

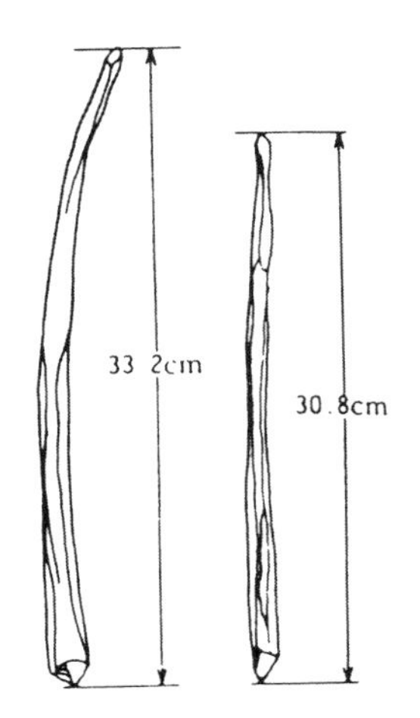

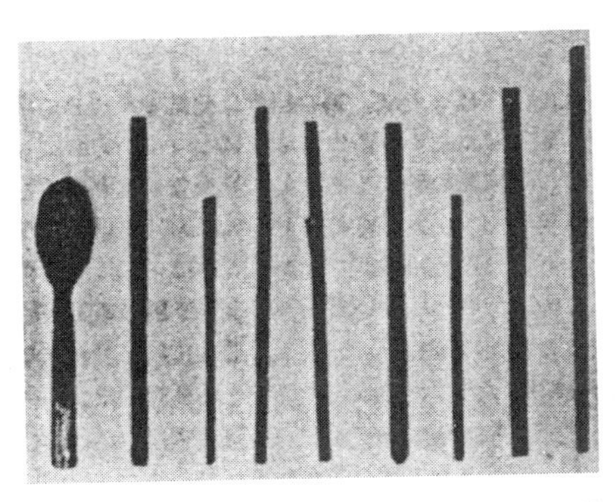

图3–8　藤原宫遗址出土/1967年发掘(《烹饪科学》,一色八郎,1993年提供)

图3–7　松茸宫遗址出土(一色八郎,1993年提供)

年)遗迹中,发现了留有墨迹的木板、木简以及木制品,但没发现能被确定为筷子的物体。这距离小野妹子[1]的故事已经过去了近1个世纪,可是,“在藤原宫遗迹中却没发现筷子的痕迹”。然而,在长谷川千鹤等诸位执笔的《烹饪科学》中却转载了出土遗物的照片(见图3–8)。

不仅如此,在平城宫遗迹(710—784年)的垃圾坑中,也出土了大量的筷子的遗物。佐原转述了奈良国立文化遗产研究所的町田章的记述道:“把柏树劈成小木条,然后再将其做成又细又圆的小木棍(直径为0.5 cm大小),做工比较粗糙。小木棍的两头一样粗细,没有倒正之分。形状完整的有302根,长度为22~17 cm的约占总数的八成,其中以22~20 cm的居多,看不出来有用过的痕迹。因为做工粗糙,应该是与现在的方便筷一样,用过就扔的那种简易筷子。”平城宫遗迹中

1. 小野妹子:男性,生卒年不详(约6世纪末至7世纪初),日本飞鸟时代政治家,曾两度以遣隋使的身份被派遣至隋朝。——译者注

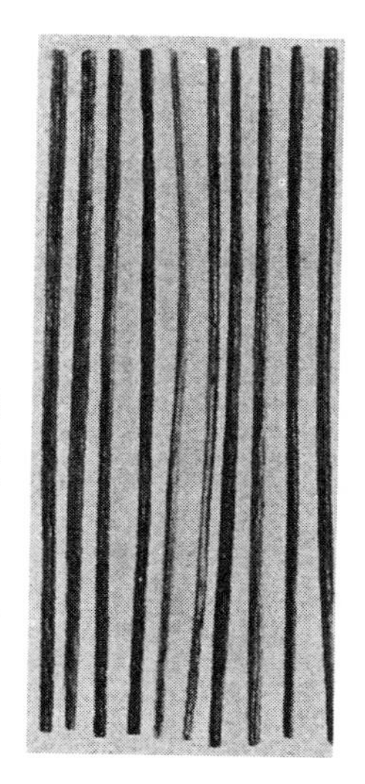

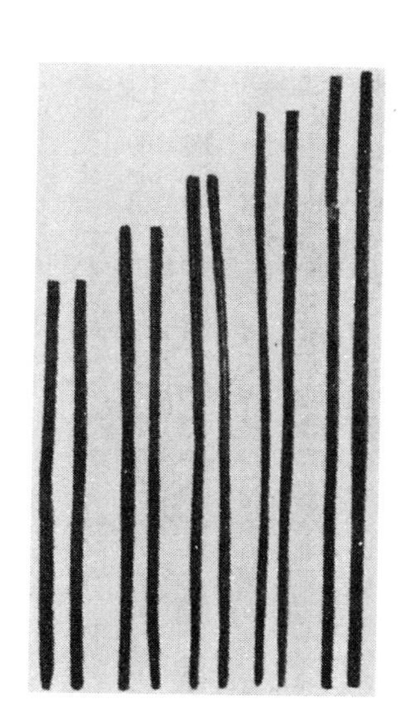

图3-9 左图：在长冈京第13次调查出土的筷子/向日市教育委员会收藏（佐原真，1999年提供）
右图：在平城宫K820出土的木制品，奈良国立遗产研究所收藏（佐原真，1999年提供）

发现的筷子多为中国风格的寸铜筷子，收藏在正仓院的金属类筷子也是这个时期制造的。但是，考古者在城里的一般家庭的居住地基本没发现筷子，这说明当时的宴会都在宫里举行，而官吏（一般庶民更是如此）平时在家进餐时还都是手食。

在尚未建完就停工了的长岗京[1]（784—794年），不知何故在宫内遗址中几乎没有遗物出土，但是在长岗京遗迹中却发现了许多遗物。据说在一条沟里出土了近万件遗物，并且，筷子头尖细的占到八成。理所当然，当时宫中也使用这种筷子，只是没发掘出来而已。因此，可以推测，从这个时期开始直到平安时代（794年以后），类似我们现在使用的这种筷子已经普及了。因此，日本人的进餐习惯从手食转向用筷子进餐，应该是在8世纪末至9世纪初的时候。

1. 长岗京：位于日本京都盆地的西南部，气候温和，四季分明，冬天几乎无雪。在历史上，长岗京曾经是日本的首都。——译者注

中国的筷子

既然日本的筷子是由中国传入的，那么起源地——中国的情况又是怎样的呢？由于笔者对中国的考古学一无所知，也看不懂汉语，所以，只能借鉴诸位专家的研究成果，敬请谅解。

在前面曾提到殷纣王使用象牙筷子，这好像是一种传说。据周达生的杰作《中国的食文化》中的记载：1976年，考古人员对位于河南安阳的殷王武丁的配偶"妇好"的墓进行了挖掘。这是唯一一座未遭盗墓、保存完好的王室墓，从中出土了大量的文物。其中有骨匙、铜匙、象牙杯等。不过，不但没发现象牙筷子，就连铜、竹、木制的筷子也没发现。因为武丁王的时代要比纣王大约早200年，那时筷子不可能被发明。因此，从商末至周初的古墓中根本就没出土过筷子。所以，只能得出"在殷商时代的中原地区没有筷子"的结论。但是，周先生不以为然，甚至怀疑司马迁同太安万侣一样，犯了时代错误。于是，从周朝初期（公元前11世纪）开始，汇集了约500年间的诗歌，甚至从中国最早的诗歌集《诗经》中都没看到关于筷子的描写，因此，可以认为这一时期仍处于手食阶段。

那么中国最早的筷子出现在何处了呢？它在云南祥云的大波那地区出土，是两双铜筷。一双长28 cm，另一双长24 cm，青铜制品，为圆柱体，经放射性碳素测定，这被认定为2440—2260年前（春秋战国中期）的遗物。这就是沈涛的"筷子云南起源说"的根据。

后来，在安徽省贵池（长江下游）出土了春秋晚期的竹筷；在湖北省（扬子江中域）的云梦大坟头墓出土了前汉早期的竹筷；同一时期又在著名的马王堆一号墓的轪侯夫人墓以及湖北省江陵县地主阶级的墓中出土了铜筷、竹筷等。

因此，可以推测，中国在战国晚期到前汉时期开始使用筷子，并且主要是从中国南方开始的。在《荀子》（公元前3世纪前后成书）中有这样的记述："从山下仰望山顶，十仞（20米）高的大树看上去如同筷子一般大小，可使用筷子的人们谁都不上去取。"这说明那个时期筷子已经相当普及了。

为何始于南方

那么，为什么云南地区会是最早发明筷子之地？

《礼记·曲礼》（前汉初期成书）中记载道："吃黍米饭时无须使用筷子，……而吃的羹里有菜时需要使用筷子，但吃的羹里无菜时也无须使用筷子。"这里的"羹"指浓稠的汤菜或炖菜，当羹里的菜较多的时候用筷子夹着吃。当时，中原一带大米较少，人们以小米、黍米、高粱米等里粒状的谷物为主食。其中特别是黍米做出的饭比较黏，很受上层社会的欢迎。但是，黍米毕竟比不上大米的黏度，不易吃到嘴里，所以人们一般用手或用勺吃。

众所周知，从阿萨姆[1]至云南一带是水稻的发祥地（但后来认为长江下游是发源地的说法更合乎情理），当时种植的品种经推断多数与日本栽培的品种"日本稻"相同。在中国将其称为粳米，黏度大，难以用勺来吃。随着时代的变迁，有两句诗出现在《唐诗》里：

饭涩匙难绾（饭黏，黏勺），

羹稀箸易宽（羹里的菜少，不沾筷子）。

关于这两句诗还流传着一段趣闻，这是薛令之写在东宫御所墙壁上的讽刺诗中的两句。唐玄宗看到后勃然大怒，当即在旁和诗一首，其意为"不喜欢就别吃"，并罢了薛的官职，将他发落回福建老家。由此可见，从汉朝到唐朝，一般主食用勺、副食用筷子吃，而到了宋朝、元朝，情况发生了逆转。在前面讲过的筷子摆放发生了90°的转向，或许也与此有关。

---

1. 阿萨姆：位于印度东北。——译者注

为什么从宋代开始变成了现在的方式？说法之一：是因为朝廷受金女真族压迫，逃往江南之后只吃粳米的缘故。另有一种说法是米的性质改变了食用方法。在日本，勺子曾登上餐桌，但后来又消失了，最后只使用筷子，其原因大概也在于此。

可是，在东南亚唯一使用筷子的国家越南，是以籼米为主食。宋朝时期因天气寒冷而出现干旱时，人们引进了占城稻（占城指今天的越南）。这种稻子磨出的米叫“籼米”，属于印地佳种。所以越南人是用筷子吃米饭的。在邻国的朝鲜半岛，餐桌上横向摆放着勺子和筷子，但在吃“日本稻”米饭时，为遵守古训，则用勺子吃[1]。由此可见，食物的性质未必能完全决定食用方法，因为食具是承载着各种意义的符号手段。

因为又一次提到了勺，所以在这里就让我们来回顾一下勺的历史吧。

勺的历史

西方的勺

勺被认为是西方的食具，所以，先从西方说起吧。的确，在欧洲，勺的种类自古以来就很多。如：餐桌上分餐用的大勺、汤勺、茶勺、蛋勺[2]、挖骨髓用的勺、吃冰激凌用的勺、烹饪用的大勺（包括长柄勺、网杓、舀子等）。根据材质、形状、尺寸、用途的不同，勺的类型可以说应有尽有。实际上，勺不只作为餐具来使用。在古埃及还有化妆、医疗等方面用的勺，在15—16世纪甚至有能拆开、可携带的勺（见图3-10）。总之，撇开勺就无法谈论西方食具。

---

1. 注：同一稻种产出的米，中国南方用筷子吃。——译者注
2. 蛋勺：Egg spoon，专门用来吃煮鸡蛋的勺。——译者注

勺的起源

图3-10 15世纪出现了携带式勺，右侧的是匙头与柄分解收藏的例子（春山行夫，1975年提供）

英语中的“勺”（spoon）源自原始印欧语“sp（h）e”，从德语的“span”（裂片）、希腊语的“sphên”（楔子）看，明显显示出“spoon”原本是“木片、楔子”的意思。因为最初的勺的材质是木质的。

另一方面，法语的“cuiller”（勺），通过拉丁语的“cochlea”（蜗牛）可以追溯到希腊语的“Koxlos”[1]，是属于贝壳系统的类型。日语中的“匙”，古时候读“贺比”[2]，在《和名抄》中的解释是“用于吃饭”。所以说，无论是日本的“匙”还是法国的“勺”，都属于同一类型。把天然的贝当作勺来用的现象，纵使是现在，在大洋洲以及世界各地仍然可以看得到。在地中海沿岸有很多从旧石器时代到新石器时代的贝塚遗址，其中有的贝壳还留有烧过的痕迹，可能是放在火上烧着吃了。这就是现在的“放在贝壳形状的容器里烧制的”奶汁烧菜的一种——贝烤菜的词源。因为里边的汁营养丰富且味道鲜美，想必当时的人们是直接对嘴喝里边的汤，这时，贝壳就变成了锅、勺两用的器具。现在日本也以同样的方式来吃鲍鱼、蛤蜊、大蛤仔等。

---

1. Koxlos：意思是“贝”；日语发音为“かい”。——译者注
2. 贺比：日语发音为“かい”，与贝壳的读音相同。——译者注

利用贝壳的天然形状来做食器具，要比石头、骨头、土（在法国的曼恩-卢瓦尔省出土了新石器时代的素烧土制汤勺）或者是金属类的器具制作简便。对人类而言这是最原始的使用方法。即便是现在，日本也有很多海边的土特产商店仍在出售柄上镶有扇贝、日月贝壳的简易汤勺。

从世界范围看，关于勺的起源还有一个系统：那就是利用椰子、葫芦等坚果的壳或鸟类的蛋壳（古时鸟类蛋壳的读音与贝的读音相同）制作汤勺的方法。日语里的舀子[1]就是由葫芦[2]派生而来的。实际上，原住民现在仍把葫芦作为勺或舀水的用具来使用的。不过从英语和法语的语源来看，西方由于气候关系，并不存在这一系统的勺。在此附加说明一点：德语的勺（lÖoffel）属于另一系统，源自表示“含、喝”动作的词语（与英语的lap[3]、德语的lecken[4]词根相同）。

勺的使用

那么，西方人从什么时候开始把勺摆上餐桌的呢？

关于古希腊时期餐桌上是否有勺的讨论，在学界没有达成共识。比如，墨尔本大学的塔克在《古雅典人的生活》中断言：“公元前440—330年代的雅典没有餐刀、叉，也没有能用来舀糊状液体食物或从贝壳里取贝肉的勺，通常是用手指，或是把面包片叠成凹形来使用。”

可是，在《古希腊·罗马辞典》（1874—1919年）中谈到了，有种形状的勺在餐桌上曾被使用过：“在保存下来的古代的勺当中，有与现在使用的勺极其相似的头部有椭圆形、圆形或尖形的，而柄是直的或弯曲的，而且末端施有装饰的勺子。还有一种柄是直的，其中一端是尖的，另一端是

1. 舀子：日语“柄杓”，读作“ひしゃく”，最初的读音为“ひさご”。——译者注
2. 葫芦：日语“瓢箪”，读作“ひょうたん”。——译者注
3. Lap：舔食。——译者注
4. Lecken：舔。——译者注

小圆形的洼儿。后者称为‘cochleare=茶匙’，前者称为‘ligula=舌状物’。后者‘cochleare’是一种有特别用途的小型勺。用带尖的一端挖开蛋壳，用另一端掏出里面的蛋黄、蛋清。人们在吃软体动物时，用带尖的一端插进去，然后把里边的肉掏出来吃。这一过程中有种迷信的做法，将鸡蛋或贝吃干净后，将勺子插在上面不往下拿。以此来驱厄运，保平安。”

拉丁语的“kokureare”（希腊语为kokiriarion）与用来掏贝肉或骨髓的勺相似，“ligula”是指舌状物，与（linga=舌）同根。

在塔克引用文的最后有：“面包片成为食具的代用品，情况的确如此”。如前所述，面包曾当做盘子使用，然而把它浸泡在汤汁里吃时，又起到了汤勺的作用。即便是现在，在廉价的食堂或学生食堂，仍然可以看到上年纪的人、工人或学生吃到最后，用面包揩汤盘里残留的汤汁并将其吃掉的情景。但这不是吝啬（虽然与莫里哀笔下的《守财奴》一样，法国人是出了名的小气鬼），而是对旧风俗的传承。

古希腊的文献我没细致查阅过，不好判断哪种意见是正确的（希望得到有识之士的指教），但是，在古希腊一般的家庭的厨房和餐厅是一体的，做菜用的汤勺随手就可以拿到，所以，餐桌上并非一定要放汤勺，是否摆放，可能是根据实际情况而定的。

虽然同处手食时代，但是在古罗马的餐桌上就有餐勺，这是不争的事实。前面提及的，阿特纳奥斯[1]的珍奇书籍里曾出现过金勺；在佩特罗尼乌斯[2]的著名小说《薩迪利空》（1世纪）中，出现了用半磅重（约170克）的勺砸蛋的情景。不过蛋是用面粉做成的，里面是用胡椒粉调好味儿的蛋黄包裹着的全烤斑姬鹟（是一种候鸟，秋天的时候，这种鸟会回到无花果树或葡萄树上，如黄鹂、绣眼鸟般体小，但味道非常鲜

1. 阿特纳奥斯：活跃于1至2世纪的罗马帝国时代作家。——译者注
2. 佩特罗尼乌斯 (Gaius Petronius Arbiter)，27年—66年，是一位罗马抒情诗人与小说家。——译者注

图3-11　圣路易向贫困者赠予食物/13世纪创作于巴黎《从玛格丽特女王忏悔中看圣路易的一生》(山内昶,1975年提供)

美),是一道非常考究的菜肴。

可是,自从日耳曼的“野蛮民族”从北面入侵,致使西罗马帝国灭亡之后,餐桌上的情形再次回到了野蛮的未开化状态。人们直接坐在地上,用刀割烤好的带骨头的动物肉,然后直接放进嘴里。从此,整个中世纪,罗马帝国如同从地上消失了一样,勺从餐桌上消失了,餐桌上只剩下了餐刀。即便是汤菜,里边的菜也是用手直接抓着吃,或用嘴直接对着深碗喝汤或用准备好的长柄汤勺舀着喝,并且是多人共用一把勺轮着喝。通过圣路易王[1]的绘画(见图3-11)便知,右数第三位的穷人用嘴直接对着盘子喝汤。尽管因国家、时代而不同,但厨房里一直使用着大型的汤勺(请见图3-12)。

1. 圣路易王(Louis IX,1214—1270),在位时间为1226—1270年。——译者注

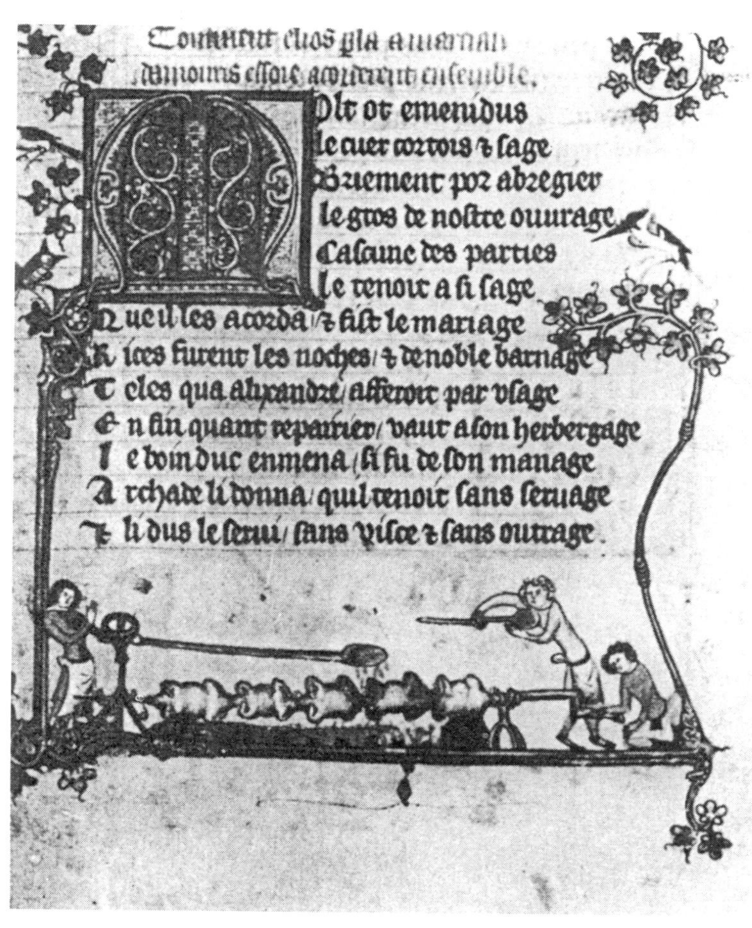

图3-12 选自1338—1344年创作于布鲁日的《亚历山大故事》(黑尼施,1992年提供)

西方人从这种“野蛮状态”向“文明状态”的过渡，如果可以以“餐勺”为标准来衡量的话，大概要在14世纪以后。因为从这个时候开始，绘画、文献中逐渐出现了对餐桌上的勺的描绘。比如，在表现圣路易王的慈善功德的14世纪的绘画（见图3–13）中，圣路易王就跪着用勺喂给穷人食物。

虽说如此，但因金属制的勺十分贵重，当时尚未普及，特别是贵金属制的勺更是王侯贵族的象征，而作为珍贵的财产代代相传。莱斯特伯爵夫人的13世纪的账本里记载着为修缮4把破损的勺，而融化了8枚1便士的银币的事件。也就是说，勺是一边使用，一边修理，并代代相传的财产。另据春山行夫收集到的数据，查理五世（14世纪后半叶）的财产目录里也记载道，有金银杯28只，但勺只有66把等。所以，在宫廷的宴会上三四个客人才配一把勺，客人中甚至还有居心不良者把勺偷回家的事情发生，所以当宴会结束后，侍者要核对数量，然后马上收拾到橱柜里并上锁。而在一般的家庭，人们仍使用粗糙的木质勺，并且是全家共用一把。

但是，如前所述，从这一时期开始，人们将手食、直接对着餐具口食视为低级、野蛮的行为，而把在食物与口之间加入媒介物视为高级、优雅的举止。自然与人之间的距离成为衡量民族文明程度的差异的符号手段。下面引用德国《古代的宴会》中的一段作为例证。

> 当有人用勺将馅饼或炖菜类的食物分给你时，你应该用面包去接[1]，或者直接把勺接过来，将食物放在自己的面包上面，然后把勺还回去。如果分给你的是汤菜，你应（接过勺）把汤喝掉，然后用桌布把勺擦拭干净后再还回去。将手伸到盘子里去取肉汁（这里指用肉汁煮的菜）是乡巴佬的做法。如果想取汤菜里的食物，最好用餐刀或餐

1. 在德国，当时把烧的比较硬的面包当盘子用。——译者注

图3-13　用勺进餐的圣路易王/选自1326年,创作于巴黎

叉去取。我们常看到德国人在吃炖菜或喝粥的时候，使用木制、银制的勺子，而法国人、意大利人以及其他国家的国民至今仍用手抓食，而不使用勺。或者是把面包放进肉汁里浸泡之后再取出来吃。

如同相信自己国家或家乡的菜肴是世界第一的美味一样，任何人都容易陷入“自己国家的饮食方式是世界最高雅的自我陶醉的文化中心主义”的泥潭中去。当然，这里用“自我陶醉”的说法似乎有点过分，不客观。但之所以这么讲，就是因为当时餐勺在西方各国已被广泛使用了。

这是有据可循的。从16世纪至17世纪前半叶，在英国流行赠送“使徒勺子”的习惯。即在勺子柄的顶端有12使徒之一的形象，作为给接受洗礼的孩子起教名的人送给孩子的礼物，以作纪念。送给富裕的上层阶级的孩子的是一套12件的组合，而对不太富裕的家庭里的孩子一般只送一件与受洗名有关的带有守护圣人像的勺子。当然，高级勺子大多作为装饰品摆放，纵使是一般制品，在平时进餐时也不太使用，但是，这时的英国人基本上都有了自己的专用勺。

图3-14　使徒的勺（春山行夫，1975年提供）

中世纪，“食具”逐渐从“共有”向“个有”过渡，这表明了私有观念的发展，人与人之间有了界限，拉开了距离，个性得以确立，同时人际关系也逐渐疏远。

此外，在勺的使用方法上也发生了非常奇妙的变化，出现了复杂而繁琐的规则。比如，在17世纪的法国，挖橄榄的果仁不用叉子而用勺，吃烤牛肉时附带的橙子必须用刀切成十字形，而据19

世纪中叶的《社交心得》中的记载，剥橙子皮时，必须用勺。这与现在的英国做法基本相同。在英国，冰激凌作为甜点摆上餐桌时，有时可以用勺来吃，但作为正餐之后清口用的冰淇淋则必须用叉子吃。

现在的西方，在喝汤时，是用勺由里向外将汤舀起，送入口中。而韩国则认为那种喝法会让好运消失，所以他们喝汤时候，勺子是由外向里滑动，并将汤舀起来喝。如此复杂的礼仪规则，预示着食具已经脱离了它的实际应用性，成为辨别所属文化集团、判明朋友、排除异己的符号媒介。

中国的羹匙

连猿都曾用过勺的原型的物体，所以人类在远古时期就开始使用勺，这一点是不难想象的。世界各地的人们把木片、贝壳以及果壳当做勺来使用，完全是自然发生的。因此说，勺绝不是西方的特有专利。那么，下面我们就粗略地考察一下与西方并驾齐驱，且自成一大饮食文化圈，并与日本有着密切关系的中国的情况。

史前时期的羹匙

知子在根据考古资料所撰写的论文《我国史前时代的羹匙》(周达生在其著述中曾提及)中介绍道：中国从新石器时代遗址中出土了大量的羹匙。主要有两种类型：一种是骨制的，呈长条状，末端口处相当薄，跟匕首相似。另一种是柄和头部的形状不同，呈勺型。前者出土量较多。据周达生解释："从黄河流域出土的最多，在与大约7 500年前的磁山文化相关的遗物中，从河北武安磁山遗址中出土了骨器250多件，其中有23件为骨质羹匙"。磁山骨匙分两种，一种为尖刺状，另一种是弧刃状的。两种均为长条形，最长的20厘米，小的不足10厘米。在长江流域出土了距今约7 000年的羹匙，其中以勺状的居多，与现在的羹匙基本相似。特别是在浙江省余姚县的河姆渡遗址

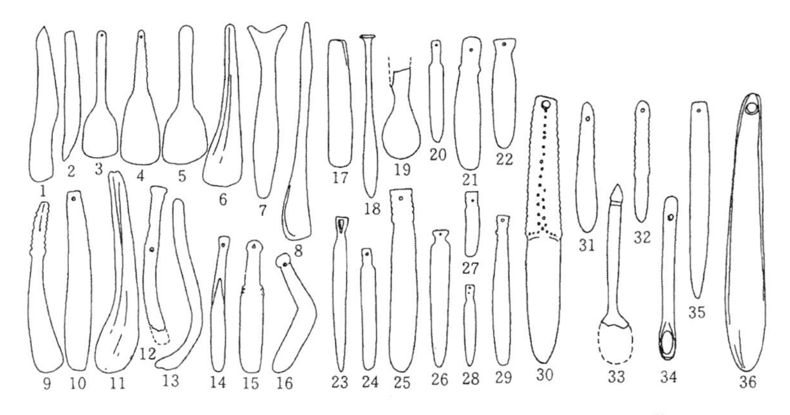

图3-15　史前时代的勺/根据知子的原创图创作而成（周达生，1989年提供）
1、2 河北武安　3 浙江余姚　4、5、6、7、9、11 江苏邳县　8 山东曲阜　10、13、14、15、16 山东泰安　12 山东诸城　17 山东夏县　18 河北内丘　19 山东潍坊　20、21、22、23、24、25、26、27、28、29 甘肃永靖　30、31、32 黑龙江密山　33 内蒙古包头　34、36 辽宁赤峰　35 辽宁建平

（这里作为稻作文化的遗址备受关注），出土了头部为凹形的骨质羹匙。华北与华南相比，前者以头部扁平的匕首形状的居多，而后者以勺形的居多。到了青铜器时代，好像是“匕首形的羹匙逐渐在餐桌上消失，而勺形的羹匙逐渐大量出现”。

从盛饭的方便度来讲，北方的杂粮文化圈与南方的稻米文化圈使用的羹匙类型对换过来好像也可以。或者是华北的羹匙如同“匕”字所表示的“箭头、石刃、匕首那样，难道是从刀发展起来的？”并且，勺形的羹匙逐渐增多，难道这是在述说稻作不断向北推进？当然这不过是一个外行人的推测。然而，根据佐藤洋一郎（1996）的研究，距今4 000~5 000年前稻作到达山东省，而于3 000~4 000年前到达山西、河北等地，这未必能说是门外汉的胡言乱语。

如图3-15所示，羹匙柄部有一个孔，可能是为系绳用的，据此可以推测，当时可能有把羹匙带在身上的习惯。还发现有手里握着羹匙被

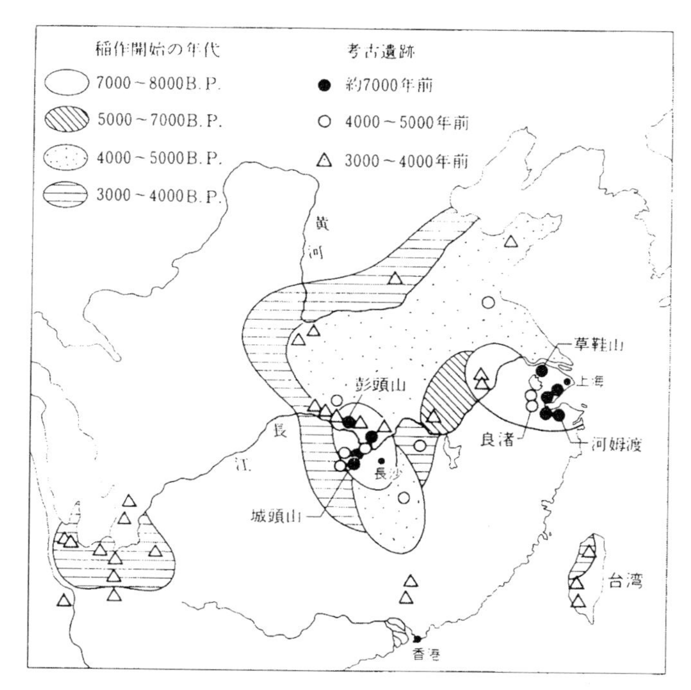

图3-16　根据中国考古学的数据推断出来的稻种起源/王在德、渡部武、中村慎一、严文明等整理(佐藤洋一郎,1996年提供)

埋葬的遗骸,这可能与古埃及一样,表示一种具有巫术性质的愿望,即期望死者来世也能饮食无忧,由此可见,羹匙象征着食物。

文明时代的羹匙

知子在另一篇论文《我国文明时代的羹匙》中,将中国有史以来的羹匙的发展史分成了四个阶段。

第一阶段——夏、商时代。

这一时期的羹匙继承了史前时代的传统,多为匕首形状的骨质制品,与新石器时代的造型别无二致。但有的研究者认为那不是羹匙,而是纺织用的梭子。对此,知子则认为:"存在纺织梭子与羹匙两用的

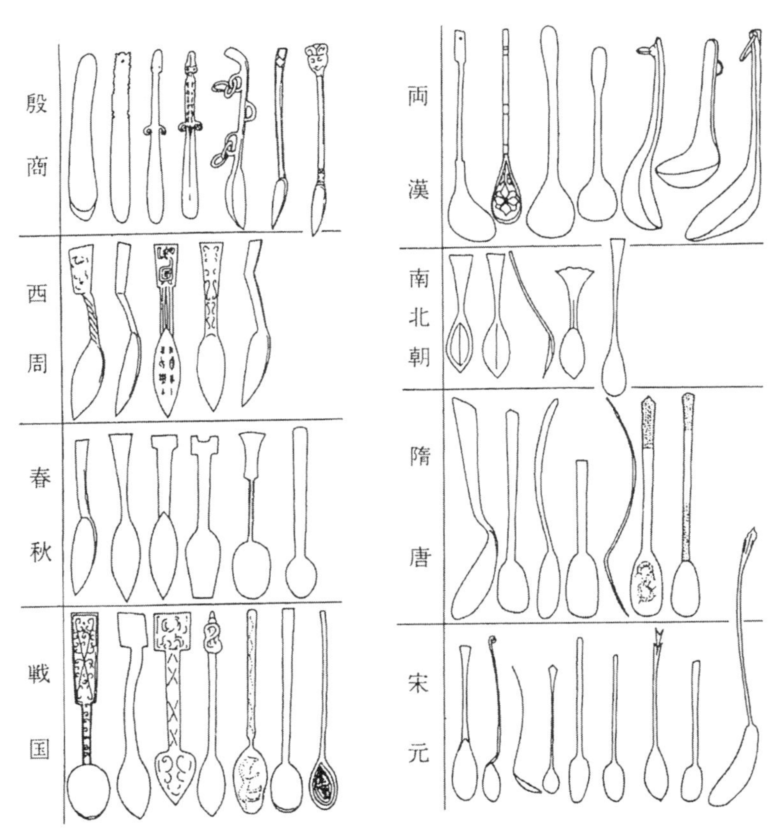

图3-17　文明时代的勺/根据知子的原图创作(周达生,1989年提供)

可能性”。笔者也认为这种说法比较稳妥。

当到了商代晚期，“在北方出现了青铜材质的勺形羹匙，但是并不普遍。与此同时，出现最多的是铜制的匕首形状的羹匙，一般长约30厘米，柄端铸有蛇头、羊首的装饰物。因其刃锋利，因此有人认为此物可能是匕首。但是，它应该是一种食器，只不过具备切割功能，可以兼做餐刀使用而已。这种食器主要分布在北方古代游牧民比较集中的地区，所以应该是食肉的工具。此类器物在中原地带没有大量的出土。”周达生介绍了知子的观点。

的确，即便是现在，蒙古人平时也把蒙古刀和筷子放进腰间的夹子里随身携带。因为蒙古人手巧，无论什么都亲自动手做，可以将为数不多的工具，根据需要发挥到极致，堪称是无所不能的人。所以，完全有可能将石镞、带刃的石器的功能分化，一方面作为餐刀，另一方面作为羹匙来使用。

第二阶段——周朝（西周、春秋战国时代）

在出土的西周遗物中，匕首形状的羹匙减少，多为尖勺形的青铜器制品。据知子的研究：“那一时期的羹匙，柄的手握部分略宽，柄部有几何状条文，长约25厘米，数量不多。但有长度超过30厘米的。在铸有铭文的羹匙上，发现有‘匕’字样的铭文。这种羹匙一直到东周都很普及，但到战国时代的晚期逐渐消失了。……在这一时期，铸有大‘匕’的羹匙是祭祀时使用的，而铸有小‘匕’的羹匙则是平常吃饭时使用的。”“匕”字原本是代表老年女性的象形文字，被看作是“妣”的字源，它好像是与羹一起，作为祭祀用的器具摆放在亡母的牌位前。

进入春秋时代以后，平勺形和圆勺形的羹匙逐渐增多，前面提及的曾侯乙的墓中出土了V形竹筷，此外，还出了圆勺形的金质羹匙一把。到了战国时代，圆勺形的羹匙进一步得到普及，其中还有漆器的制品。

第三阶段——汉至南北朝时代。据周达生的推测:“汉代的漆器羹匙的里和面都画着漂亮的图案,几乎都是平勺形,好像都是用来吃饭的,而不是用来喝汤的”大概是从前汉初期开始出现了较大的铜勺,勺头呈凹陷状,可以盛液体状的食物。这可能是用来给进餐者分食物用的器具。

不过,令人费解的是,到了晋和南北朝时期,出土遗物的件数变少,常有青瓷制品的小勺与酒器同时被发掘出来,出土的铜制品反而与战国时期的形状相似,柄部宽,头部呈尖状。这一现象究竟是越过汉代返祖回到了战国时代,还是属于新的发明,在此不得而知。但是,这似乎在告诉人们,与技术进步一样,食具的变迁绝不是简单的一条直线,而是迂回曲折的。

第四阶段——隋唐时期。“这一时期,银质食器开始盛行,筷子、羹匙都做成银的,铜制品反倒没被发现。当然这是上层社会的情况,在一般的农民阶层没有那种羹匙。这一时期,羹匙的形状也发生了很大的变化。基本都是窄圆头、长柄、重量轻。唐朝中期以后,也出现了一些短柄的银质羹匙,其柄部也略微宽了一些”(出处同上)。

到了宋朝、元朝时期,羹匙更加小型化、轻便化,但基本形状却没有发生太大的变化。如是,在这期间吃饭用的食具发生了巨大变化——由羹匙转向了筷子,但是这对已经开始普及的吃菜用的羹匙并没有带来什么影响。其原因不详,但这表明“吃什么东西”,未必就一定得用“什么工具吃”,换句话说,食具的形状与食物的性质并不是简单的因果关系,两者之间的关系存在一定程度的自由空间。在这里存在着食具作为符号使用的可能性。

这暂且不论,如果说小野妹子从中国将羹匙与餐桌礼仪一起引进了日本,那么,再推古10年,宴会上就应该使用隋唐式样的羹匙了。下面就让我们把话题转换到日本。

日本的羹匙

据我所知，像中国的知子那样对中国羹匙的系统研究成果在日本尚未有人发表过。关于筷子的研究的出版物倒是不少。但没有研究羹匙的专业书籍出版，这当然不是因为日本没有羹匙。通过考古学考证，自史前时代开始日本列岛各地都存在羹匙。

比如，青森县的三内丸山遗址，这里贮藏着距今约公元前5500—4000年前的，光辉灿烂的绳纹文化的精华，宛如一个时光存储器。不同寻常的建造物以及农耕的痕迹，令人惊讶不已。出土了大量的与生活文化相关的遗物，其中还包括丰富的陶土制品，这让人们彻底改变了以往对绳纹时期的印象。那么，食具的情况又是怎样的呢？

陶土制品一般的容量在8~12立升，适合个人用的小碗或盘子较少。小山修三在《通往绳纹学之路》(1996)中论述道："没发现大的器皿里有分餐用的勺子(在其他的遗址里有所发现)，也没发现筷子、羹匙、叉子等。这不只是三内丸山遗址，这也是绳纹时期的普遍情况。一般认为，与今天比较接近的个人进餐形式形成于以大米为主食的古坟时期以后。那么，绳纹人吃饭的时候是直接对着炊具吃，还是使用了能与食物一起吃下去树叶之类的素材，抑或是像西方人吃面包一样，吃饭的时候不用器皿？"

但是，小山修三本人在这本书里还登载了出土的黑曜石制的羹匙(见图3-18)。这个石质羹匙，虽没见到实物，但通过照片看，它的形状与石镞(石制箭头)接近，因此，说不定有人将其归类到石器。这种原石产于北海道，所以应该是用船经由津轻海峡运至数十公里以外进行了远程交易。据说在其他资料里也有对勺的记载，并且还有少量的类似叉子的遗物出土，所以，今后有待进一步进行分类研究。

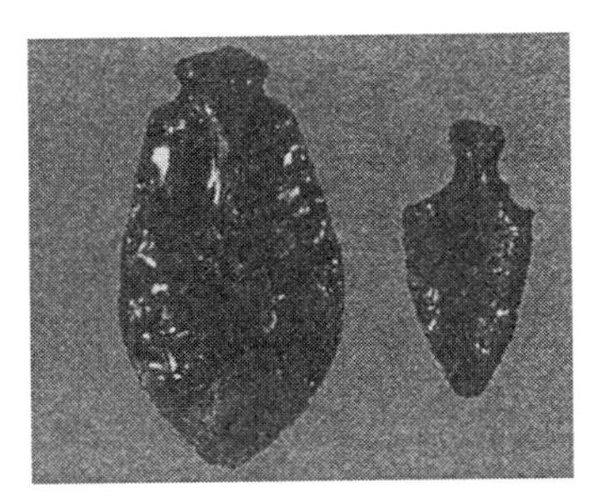

图3-18　黑曜石石勺/青森县三内丸山遗址对策室收藏(小山修造,1996年提供)

图3-19　绳文时代的勺(金关恕,1999年提供)

此外,绳纹时期的"勺"(见图3-19),在千叶县多古田遗址(见图3-19左图)以及鸟取市桂见遗址中(见图3-19右图)均有出土。发掘者渡边诚认为:右侧的遗物"可能是尚未加工完就断了,而被丢弃的废品",虽然未见到实物,但看上去像是木质的。

作为弥生时期的遗物,在冈山县南方遗址以及奈良县唐古键遗址,一次性出土了大量的木质羹匙。但是,从两个遗址中发掘的数量看,均不能证明羹匙是每顿饭都使用的食具。如前所述,远古的器具具有万能的性质,因此有时与其他的石镞、带刃的石器、石斧等工具难以区分。此外,研究人员还发现了有用石质羹匙剥动物皮时留下的脂痕。如图3-20所示就是绳纹中后期的一个事例。

因此,今后或许会有更多羹匙、勺类的器物出土。在古代,勺子也被称为"饭勺",所以,由考古学家分类的"勺",从广义上讲也可以将其列入羹匙系列。

将自然的贝壳不加改动，作为羹匙使用时，难以辨别其为何物，但在正仓院里却收藏着60只加工过的贝壳羹匙。“先将珠母贝壳打磨，然后切成椭圆形，再在上面安个竹柄，最后用铜钉将其钉牢”，然后“10个绑成一束，一束中有9只是筱竹柄，1只是繁节竹柄”。对此，关根真隆认为：“筱竹柄的是个人用的，而繁节竹柄的则是共用的”。

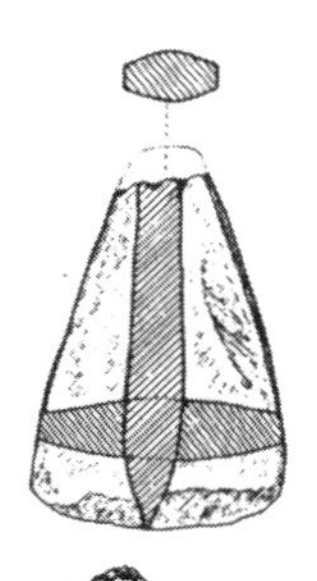

图3-20 绳纹中后期的石勺（真良信夫，1992年提供）

此外，正仓院里还珍藏着一些镀金的银质羹匙、合金的羹匙以及铜质的羹匙等。形状有树叶形的、浅圆形的、深圆形的。如图3-21是示意图。图上面的是浅圆形的，下面的是树叶形的，好像均为新罗（朝鲜半岛）的舶来品。其中说不定有小野妹子从隋朝带回的中国的羹匙，这种想象也是成立的。总之，自绳纹时期开始我们的祖先对羹匙就已经不陌生，而对使用当时最流行的筷子和羹匙这两件组合的进餐礼仪，也已经不存在任何抵触。不过应该指出的是，这只是上层社会的情况。

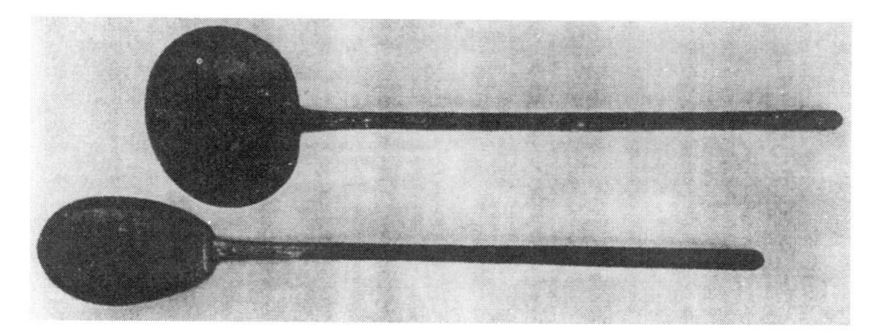

图3-21 佐波理勺/正仓院收藏（关根直隆，1969年提供）

可是，羹匙，不知何时何故在日本的餐桌消失了。下面就让我们来探讨一下这个未解之谜。

羹匙的去向

直到平安朝末期，在贵族阶级的餐桌上，都同时摆放着筷子和羹匙，这是不争的事实。下面列举几个实例，以示证明。首先，清少纳言的《枕草子》里有“大概是在用膳吧，离远就听到筷子和羹匙的撞击声，真是令人向往”的记述。这部作品出现在10世纪末，说明当时吃饭时已经使用羹匙了。

其次，藤原赖长的《台记》(1136)中记述道：“预先把筷子插进饭里，接下来再把羹匙插进饭里，然后每人都陆续将筷子和羹匙插进饭里，先吃‘最华’[1]，待吃完之后再将盛汤的陶土容器放入饭桌底下。”当时米饭盛得很满，如同小山一般(因能碰到鼻子，后来也称“碰鼻饭”)，吃法就是把筷子、羹匙插到饭里挑着吃。至于“最华”指的是“生饭(或散饭)”，意思是在吃饭前，将少量的食物分给饿鬼吃[2]，中世纪的西方修道院为穷人也做类似的事情。

在镰仓时代早期，根据顺德帝的《禁秘抄》、《厨事类记》中的记载，大床子膳[3]的第一个托盘里放有醋、酒、盐、酱油等调味料，银质筷子、木质筷子各两双，羹匙两只等。可见，当时宫廷里使用羹匙之事是确切无疑的。

进入镰仓时代后，仍有用羹匙吃饭的地方，那就是寺院。道元[4]在《赴粥饭法》中写道：“法若法性，食亦法性。法若真如，食亦真如。法若一心，食亦一心。法若菩提，食亦菩提。”这是告知人们，进餐礼法和

1. 最华：食物的一种。——译者注
2. 注：指将那些食物投向屋顶或是地上。——译者注
3. 大床子膳：日本天皇的正餐。——译者注)
4. 道元：永平道元，日本镰仓时代著名禅师，将曹洞宗禅法引进日本，为日本曹洞宗始祖。——译者注

教法本性一致，如果说追求“法性、真如、一心、菩提”是人类真正的生活态度的话，那么，“食”则是“真实相”的外在表现。说到底，法与食并无二致。这是西方所不具有的饮食观。因此，永平寺僧堂的进餐礼仪是极其严格的。因原汉文比较难懂，下面从译文当中引用一段关于摆上钵和锛子[1]之后的礼仪。

> 接着打开匙筯袋[2]，取出羹匙和筷子。通常是往外取时先取筷子，往里收时先收羹匙。钵刷也与羹匙、筷子一同装在匙筯袋里。取出羹匙和筷子后，将其横向放置在头锛的后面（即近前），这时羹匙和筷子的头朝左放。接下来取出钵刷纵向放置在头锛与第二个锛之间，将钵刷柄朝外置于‘出生（分给饿鬼吃的食物）’处。然后将匙筯袋叠起放置在头锛近前的钵单底下，或者放入钵单[3]的近前，即与抹布一起横向摆放。

为了便于理解，我将译本中的图展示给大家(见图3-22)。“筯”指筷子，中国在唐宋时期曾这样称呼，估计道元也是在南宋时学到的。还有，“出生”与前面讲的“生饭”意思相同，是指为施舍给饿鬼，从自己吃的饭里取出7粒米，事先放在钵刷柄上的这种做法。另外，在同一时代绘制的《法然上人绘传》[4]以及稍晚些的《一遍上人绘传》[5]等圣人画卷中，常能看到人们向穷人施舍饭粥的情景。因此，直到镰仓时期，一些上流人士以及寺院里的僧人，一定是使用羹匙的。此外，14世纪后半期的《庭训往来》[6]中也记载了大斋日的布施物中有“筯匙”(十月信件回复)之事。

---

1. 锛子：指套在头钵中的小钵。——译者注
2. 匙筯袋：装羹匙和筷子的袋子。匙：羹匙；筯：筷子。——译者注
3. 钵单：僧人的饭单。——译者注
4. 《法然上人绘传》：共四十八卷，再现了法然上人学佛、修行、悟道、弘法的一生。——译者注
5. 《一遍上人绘传》：描绘中世名僧一遍生涯的画卷。——译者注。
6. 《庭训往来》：撰写于南北朝后期至室町早期，武家子弟学前启蒙之书。——译者注

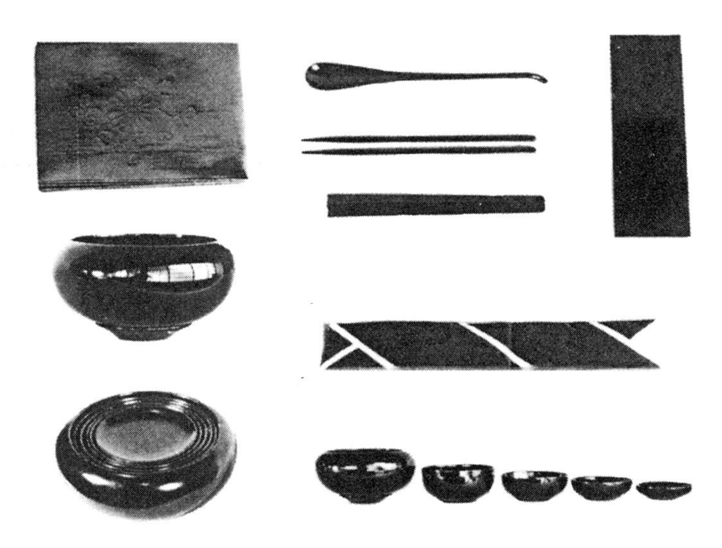

图3-22 《赴粥饭法》的食具(选自同译书,1997年)

可是,进入到室町时代,即所谓的七五三本膳料理兴起之后,不论在哪个流派的烹饪书籍里,均看不到餐桌上有羹匙的踪影。从镰仓时期到室町时期期间,似乎发生了食法的大变革。虽然在江户时代有烹饪用的长柄勺子和木质勺子,但没有小型的勺子。所以,当看到荷兰人的餐桌上放着小型的勺子时,日本人惊诧不已。

兰学家大槻玄泽(盘水)把三件组合的图当成稀奇物登载到《兰说弁惑》(1788)之中,并做了简单的解释。根据他的解释,羹匙被称为"lepei","羹匙是由银、铁、铜合金等制造,用来喝汤或吃带汤的菜的"。餐刀称为"mes","餐刀是用来切割整块肉类吃的"。叉子称为"vork","叉子是用来插食物吃的,俗称为肉叉"。因为在其说明中"除这三件用具外,没提到筷子",所以颇为奇怪。当时,在日本街头巷尾盛传着荷兰人像狗一样,抬起单条腿解小便的言论。

下面一段话引自画家矶野信春的《长崎土产》(1847)。

几乎所有荷兰人吃饭时都不用筷子，而用三叉钻（餐叉）、快刀子（餐刀）、银匕（银勺）等三件用具。“叉”有尖，共三股，柄为象牙，以此用具将器皿中的肉叉住，然后用餐刀切割，再将切下来的肉放在勺里吃（勺是银质的、还带有花边）。预先将三件用具与白餐巾放置盘中，然后摆在餐桌上，主宾面前各放一套，白餐巾放在膝盖上面，吃完一道菜，就换一套新的三件用具和餐巾。

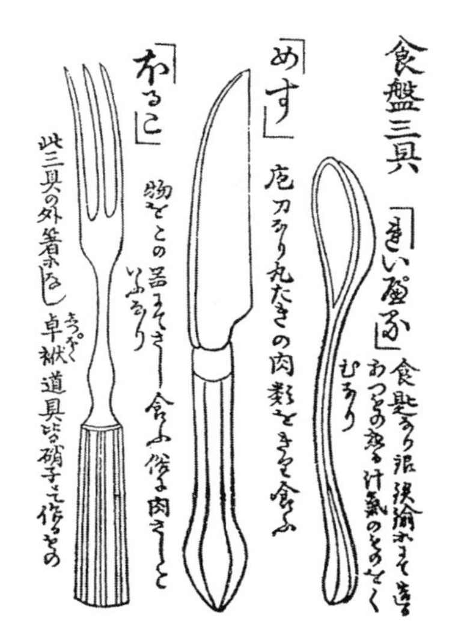

图3–23　荷兰人的食具/选自《兰说辩惑》

“钻”指锥或矛的尖，也许是“矛与叉”的俏皮译法。“快刀子”是葡萄牙语faca（餐刀）的意思，它与面包以及其他印欧语系中的一些语言一道，在吉利支丹受镇压之后仍幸存下来。但是，荷兰人当时是否用快刀子切完肉后，真用勺吃？只知道“筷子”的信春，也许是因为过于惊讶，把“叉子”错写成“勺子”了。

可是，令今天的我们同样感到惊讶的是，我们一直坚信，自室町时代以来的日餐是用筷子的，可在江户时代却出现了羹匙坐镇日餐的记录。享保七年（1722年），在前关白九条辅实迎接法皇的御幸御膳图（见图3–24）中可以看到，在摆好的6张小桌中的第2张桌上，有银筷、木筷各1双和银勺、木勺各1只摆放在马头盘中。因为有些我们今天不太熟悉的食品名，所以下面就御膳种类做简单说明：首先，所用器皿都是银质的。“鲷鱼酱”，即将加吉鱼的肉剁碎，用各种调味品生拌；“鮨鲍”，即生拌鲍鱼；“筋破”，也写作“楚割”，指晒干的大马哈鱼；

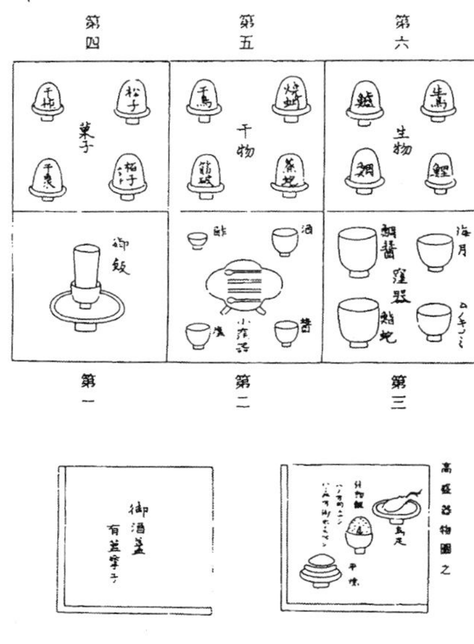

图3-24　御幸御善图(选自《古事类苑》)

“松子”,即松树的果实;“柏子”,可能是榧子树的果实。除了勺和筷子横向摆放之外,其他方面基本沿袭了平安时期大飨膳(皇室、贵族宴会)的旧式礼仪,所以说,这是研究古代礼仪的学者们通过辛苦劳作而重现了当时的情景。笔者认为,这也许是与宫中有关的贺宴或祭祀仪式,所以沿袭“匙食”(用勺子吃)的传统习俗。此外,还有一个保留“匙食”习俗的地方就是寺院,特别是在禅宗寺院的一些禅堂,从笔者自身的经验也可以证实,至少到第二次世界大战爆发前都是用勺吃粥的。所以,在这些极其有限的特殊空间里,确实保留着用勺吃饭的习俗,但就一般情况而言,勺已经被舍弃,餐桌上只剩筷子了。

餐勺为何会消失

那么,我们的祖先为什么放弃使用勺?这是如此简单的问题,可是事实真相却几乎不为人知。与其这样说,不如说越是日常生活中的文化现象越难说清楚其产生的原因、理由。

比如说,招手这个动作,为什么日本人是掌心朝下,而西方人是掌心朝上?为什么日本人把锯或刨子向里拉,而西方人却向外推?这些问题的谜底至今没有完全解开。而只是人云亦云地解释为,“从前就是这样”。并且,还会被轻蔑地认为探究这种鸡毛蒜皮的事情的原因似乎不是正经学者应该做的。

但是，这种不起眼的琐碎小事的集合就是文化，这里面蕴藏着人类精神的巨大奥秘，这一点已经逐渐被法国的安纳尔学派以及文化人类学者所证明。

因此使用筷子进餐的习惯也是属于这个范畴的问题，在此不再赘述。而人类尝试对这一文化现象进行诠释的努力，随着饮食文化学的发展，已经收到了一些成效。下面我就以此为线索进行归纳总结。

其一是“黏糊学说”。这种学说认为：米饭黏度高，使用接触面大的羹匙吃饭时，就会使米饭黏在上面致使饭难以吃到嘴里。于是，就改用接触面小的筷子，可是如果饭碗原封不动地放在桌子上，用筷子夹起的饭一不小心就会在中途掉落，于是人们就把饭碗或汤碗端起来直接对着嘴，用筷子吃。

生态民族学家雅克·巴霍[1]说：“少年时期，学校食堂的餐桌上黏附着黏糊糊的米饭，脏兮兮的。这给我留下了不好的印象。这个经历决定了我非常讨厌这种珍贵的谷物。”在很长一段时间里，法国人认为米饭“黏糊糊的”，是一种十分麻烦的食品。对黏度较差的长粒米的感觉尚且如此，那么当他来到日本时，对日本米饭敬而远之的态度也是可以理解的了。

下面我们再对米的种类以及米饭的做法略做考察。在平成米荒发生时，日本从泰国紧急进口了大米，但因不合日本人的口味，对其评价不高。至今这件事仍令人记忆犹新。日本人觉得长粒米黏度不够、口感不好。由于米的黏度是由淀粉里所含的糖淀粉（直链淀粉）与胶淀粉（支链淀粉）的比例所决定的。黏度较差的长粒米中的胶淀粉的含量为70%~80%，而日本种植的短粒米胶淀粉的含量为80%~85%，所以米饭的黏度好。糯米胶淀粉的含量几乎接近100%，所以它的黏

1. 雅克·巴霍（Jacques Barrau），生态民族学家。——译者注

度更好，可以用来做年糕。在日本，自古以来就种植黏度好的短粒米。

但是，即便是同一种米，因做法不同，饭的口感也不同。米饭的做法大致可分为捞饭、焖饭、炒饭、蒸饭等四种。所谓的捞饭，是先将水烧开，然后将米放入锅里，待煮好后用笊篱捞起将米汤控净，或者是把饭放在笼屉上将米汤控净，然后再一次加热[1]，这是中国的主流做法；焖饭，即现在日本的普通做法；炒饭，是先将米用油炒过之后，再加水加热的方法，土耳其的烩肉饭、西班牙的海鲜炖饭、意大利的意式烩饭等均属于这种做法；至于蒸饭，无须更多的解释，就是用瓮或笼屉蒸的方法。同样用日本短粒米，在下面的做法中，饭的黏度会从高到低排列：捞饭、焖饭、蒸饭。

如《唐诗》中所描写的那样，即便是捞饭，饭也会黏在羹匙上，所以，日本人由用羹匙改为用筷子吃焖饭是极其合理而聪明的做法，这就是"黏糊说"的依据。然而，韩国与日本一样，也吃焖饭，但是，如前所述，他们一直用羹匙吃饭。中尾佐助（1972）认为朝鲜半岛一般是吃捞饭，而李盛雨（1999）则引用《林园十六志》中的观点，认为朝鲜半岛是吃焖饭的。在这里采纳李的说法。因为日本有"饭不熟，不揭锅"的谚语，朝鲜半岛也有类似的俚语。并且，朝鲜半岛与日本一样，也直接用锅里结成的锅巴煮汤（在《本朝食鉴》中就有关于"食汤"的记载），锅巴汤也是韩国人最喜欢的食物之一。

可是，事情并不那么简单，如果采纳"黏糊学说"，会有解释不清的难题。在弥生时代水稻种植普及之后，弥生人不煮饭而是蒸饭的观点逐渐占据了主流，在学术界已达成共识。从遗址中发掘的底部有孔的陶器实际上是蒸饭器（见图3-25）。如石毛直道（1993）曾这样写道：

1. 注：再一次加热多为用锅蒸。——译者注日本的甑以及蒸笼原本是用来蒸主食米饭的。从前，米不像现在这样用水煮，而是用水蒸气蒸，蒸出来的饭较硬，叫“强饭”，并将其视为正式的主食。像现在这样的软饭在当时被称为“姬饭”[1]，姬饭全面得到普及是在平安时代的后期。

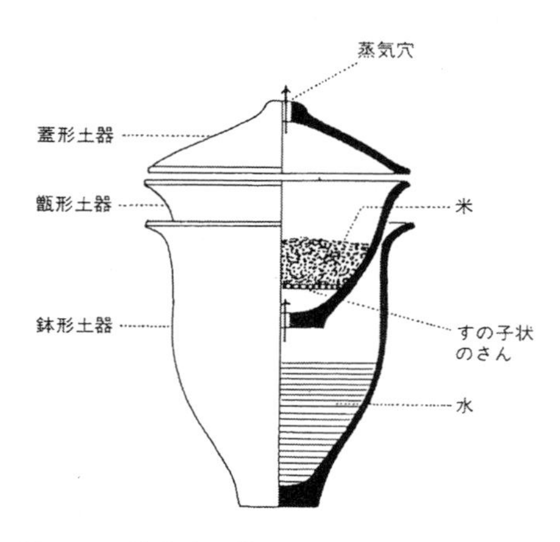

图3–25　弥生陶土蒸器说图解（佐原真，1996年提供）

石毛直道被誉为饮食文化人类学的先驱，根据他的观点，人们把“强饭”视为弥生时代的日常饭食，现在人们一般也是这样认为的。但是，石毛直道所说的“从前”是指古坟时期，并非弥生时代。其实，通过后来的考古学考证，能确定为蒸饭器的甑，主要是古坟时代的出土物，并没有发现更早期的甑。有关的详细情况可参照佐原真的论文（1996年）。弥生时代的底部有孔的陶器，如果作为蒸饭器的话，过于小，而镶嵌在上边的陶器的底部粘着许多煤炭，并且如果人们都用此物蒸饭，那么出土的数量又太少。这是佐原真持否定的见解的依据。

并且，出土的弥生时代的陶器中有很多内侧的底部有“米被烧焦且已炭化了”的痕迹，由此可见，人们从古代开始就煮米粥和菜粥了。当然，水分多的是稀粥，水分少的是硬粥。这种硬粥（也写作“饘”，在《和名抄》中读做“加太贺由”（katagayu），在中国也指比较硬的干粥），后来变化为“姬饭”。现在我们吃的就是这种饭。进入到室町时代

1. 姬饭：用水煮的软饭。——译者注

后，水稻产量提高，大米逐渐成为人们日常的饭食，“姬饭”也基本普及起来。《海人藻介》(15世纪初）中写道：“公家御饭强饭也。执柄家姬饭如此。姬饭全分略义也。但人人依好恶用之”。

粥以及菜粥在法语里一般被称为“bouillie”，其实，这是人类所共有而又非常古老的食物，这种食物在很早以前就被世界各地广为食用。即便是在西方，在还没将麦子磨成面粉制作面包前，人们也是将谷物煮成粥吃的。

舟田咏子（1998）说：在瑞士出土的壶，距今大约有5 000多年，在壶的内侧发现有谷物汤以及粗面粥的痕迹。这个遗址共有3层，从上中两层发现了面包，从最底层发现了约公元前3830—3876年的，用谷物、蔬菜、野生的草莓等煮出的菜粥，它大约占所有食物的90%。罗马的喜剧作家普劳图斯[1]也曾写道：“如众所知，罗马人在相当长的时间里不是靠吃面包，而是靠吃粥活着的。”另据别人讲述：在丹麦的泥炭湿地发现了一具公元前1世纪左右的木乃伊，在其胃里发现了大麦、亚麻种子、亚麻荠、山蓼、少量大爪草的种子、野灰菜、野生的三色堇和芜菁的种子，这些种子被认定是用来煮汤或者煮粥吃的。

在中世纪的法国，穷人以小麦粉与牛奶煮成的粥为主食，而在18世纪末的英国，贫民吃的是用水、面包渣、蔬菜、肉骨头煮成的黏糊糊的汤，当时人们对这种汤有个蔑称，叫“污秽骨头汤”。另外，在非洲、大洋洲人们日常吃谷物肉菜粥，粥里面有杂粮、芋头、蔬菜、果实、猪肉、鱼贝类等多种食材，关于这一点在很多民族志中都可以看到。如图3-26所示是荷兰农家吃粥的场景。

下面让我们来看一下日本的情况。从古代到近世，一般庶民只吃粥。芥川龙之介的最著名的短篇小说“芋粥”的故事，在《今昔物语》

1. 普劳图斯（Titus Maccius Plautus，约前254年—前184年），古罗马剧作家。——译者注

图3–26　图为荷兰农家吃粥的场景/1653年，出自奥斯塔德（1610—1685年荷兰风俗画家，主要描绘农村生活）之手的版画

以及《宇治拾遗物语》中都有记载。德川幕府的庆安御触书[1](1649)中有记载:“百姓‘只能吃杂粮,如小麦、黍米、稗子、绿叶蔬菜、大萝卜,而米不可随便食之。”即种植水稻的农民吃不到大米,而只能吃用杂粮与上面所列举到的菜类煮的粥。所以,直到昭和初期仍流传着看似笑话而实则悲惨的真实的故事,即农民将大米装进竹筒里,然后放在濒临死亡的病人的枕头旁边,以此来慰藉病人。

这类粥的吃法,在使用食具的民族中当然一般是使用羹匙。在中世纪以后的西方,可以看到在简易的餐台上放着煮菜的锅,一家人共用一个木勺从锅里舀着吃的情形。永平寺的早饭也吃粥(一天两顿饭,早饭是粥),从头钵(大容器)中把粥舀到头镀里,然后“将头鐼作为匙头直接把粥倒进嘴里”。在勺的使用上,日本与西方相同。但与津田梅子[2]的倡导相反,当时日本的勺不是横向而是纵向使用,即是从勺的尖端吸入。于是在前面提到的《今昔物语》的故事中就写成了“吸”芋粥,这有点接近于口食。

可是,在《今昔物语》中,还记载着朝廷公卿们用筷子吃粥的故事。三条中纳言[3]肥胖得像相扑选手,行动极其不便,医生向他推荐的减肥食谱为:冬天吃汤泡饭,夏天吃水泡饭。于是,三条中纳言就叫侍从取来一个大个银酒壶,盛了满满一碗饭浇上一点点的水,然后用筷子搅拌两下,眨眼间一碗饭就下了肚。然后再盛上一碗饭接着吃,医生见状,断定此法难以奏效便逃之夭夭了。在这个笑话中,遗憾的是三条中纳言吃的不是粥,而是水饭。但是这个故事说明了,“粥”已经脱离了原本用勺吃的合理性。

可是另一方面,如渡边实也强调说的那样,“勺除了用来喝汤类之

1. 庆安御触书:是对农民的规定,确保了江户幕府的财政收入来源和对农民的控制。——译者注
2. 津田梅子:明治时期教育家。日本女子教育的先驱者。——译者注
3. 三条中纳言:人名。——译者注

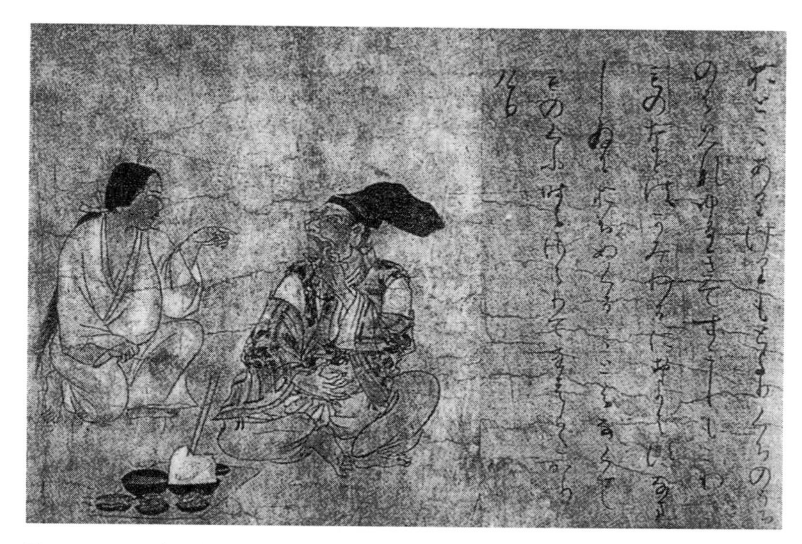

图3-27　因牙痛无法进食的男子/选自《病草纸》,东京国立博物馆收藏

外,也用来吃米饭”(1964),平安朝的贵族们用勺吃硬饭。不过,到了平安晚期,如前面提及的《台记》中记载的那样,出现了筷子与勺并用的情况。当到了镰仓时期,在《病草纸》中也可以看到用两根筷子吃米饭的记载(见图3-27)。粥、蒸饭既有用筷子吃的,也有用勺吃的,还有直接用手抓着吃的,真是五花八门。而这种复杂奇怪的吃法分明在表示食物性质与食具之间并非是单纯的因果关系。焖好的姬饭(软饭)用筷子吃不易黏筷子,吃起来既方便又高效。不过,如果单从实用主义的角度来解释的话,那么,羹匙从日本餐桌消失之谜仍然无法解开。于是,不得不丢掉勺了。[1]

在此,又出现了另一种解释。就暂且将其命名为“切割的料理”。也就是说西方的厨房里所加工出来的菜肴如同烤全乳猪一样,囫囵个

1. 比喻束手无策。——译者注

搬到餐桌上，那么在吃的时候，就要再切一次。也就是说菜肴摆在餐桌时，处于未完成的状态。与此相反，日本的菜肴，是在厨房加工成能一口吃掉的大小的程度，摆在餐桌上时，只用筷子夹起就可以吃了。因为这是以成品的形式放在餐桌上的，所以无须使用刀和勺，而只用筷子就可以。这是对勺消失的另一种解释。的确，正如人们所赞誉的那样，日本料理是“切割的艺术”，厨师以刀功为基本素养。并且，这种烹饪方法从镰仓时期到室町时期得到了逐渐的发展，最终成为自己独特的风格，正是从那时起，勺消失，而只剩下筷子了。

这种说法确实有一定的道理，不过，与前面谈到的“黏糊学说”一样，这个“切割学说”虽然满足了它的必要条件，但它没有满足所有条件。韩国人和日本人一样吃米饭，但他们依然执著地坚持使用勺，这是出于遵守《礼记》以来的礼节。当食物与食具之间介入了各种意识形态方面的要素的时候，“文化宇宙观”这一媒介就左右了食具的使用。中世纪以后，日本有别于其他国家而独自发展，当然这背后有政治、经济以及社会的大变革的原因，但仅就食具而言，是因为筷子被赋予了独特的文化意义。

关于这个问题，在下一章将详细论述，在此只列举一个旁证。以前在用法上相当随便的筷子，现如今却要遵守十分严格的礼法。也就是说，筷子文化在不断发展的同时，也出现了使用筷子的禁忌。例如，在后来的《食物服用之卷》中，就列举了如下的一些使用筷子的禁忌：

不能越过眼前的托盘，去夹对面托盘里的菜。

不能用右手去夹左边的菜或用左手去夹右边的菜。

不能在手里拿着筷子的同时去端盘子。

不能连着吃菜，不吃饭（吃口菜之后，必须吃一口饭，然后再吃菜）。

不能将两根筷子并在一起，像羹匙那样取食物。

不能双手合十，把筷子夹在两掌之间做参拜的动作。

夹菜不能犹豫不决，筷子在几个盘子上面左右移动。

不能把筷子立着插进饭碗里。

具体一点讲："膳越"，指用筷子去夹对面托盘里的菜，而不把碗端起，就直接用筷子夹；"袖越"，讲的是在横向夹菜的场合，不能用右手去夹左边的菜或用左手去夹右边的菜；"惑い箸"，指不知夹哪一个菜好，筷子在盘子的上面移来移去；"诸落"，是指把筷子弄掉了；"横箸"，指把两根筷子并在一起，像羹匙那样取食物；"调伏箸"，或许指双手合十，把筷子夹在两掌之间做参拜的动作；"立箸"，指不能把筷子立着插进饭碗里。即便是现在，这些行为仍被视为不懂礼貌的行为，而被人们所忌讳。礼节是一个秩序体系，并且这种秩序源于范畴的分类。那些行为之所以被视为使用筷子时的禁忌行为，是因为它们都会引起范畴的混乱。平安时代被广泛承认的"立箸"（也称"佛箸"，是指插在供奉死者枕头边或灵前饭碗里的"筷子"），变成了禁忌行为，这表明"旧佛教"与"新佛教"、"公家"与"武家"的差异化体系已经确立，同时，也是为了防止生者与死者之间范畴的混乱。

不经意间，话题又转回到了筷子。但是因为切割问题浮出了水面，下面就让我们把视线转向餐刀的历史吧。

餐刀的历史

餐刀的起源

与筷子、叉子不同，餐刀和勺一样，是人类普通的食具。目前，在非洲的亚奥杜韦峡谷发现了人类最古老的石器，距今约有200万年，其中有一些可以被视为餐刀的原型。如：削器、石刃、打器、尖头器等。

"刀的古生物学可以一直追溯到最原始的工具"，对此，勒劳埃-古尔汉[1]论述道："原始人的打器由不规则且质量很差的小短刃石器向厚重的两面刃石器过渡，后来逐渐发展成削器。到了旧石器时代早期，刃薄而锋利的石器取代了卵形的削器，直至金属的餐刀出现，其形状基本没有变化。餐刀自青铜器时代起，其匀称的程度与今天已不相上下，其功能的进化已经达到极致，也就是已经达到能把单面刃固定在一个长柄上的程度。"（见图3–28）

总而言之，刀原本是用来宰杀动物、剥皮、肢解、割肉等的杀伤性工具，这从英语"knife"以及法语"couteau"所表示的广泛意义中可以

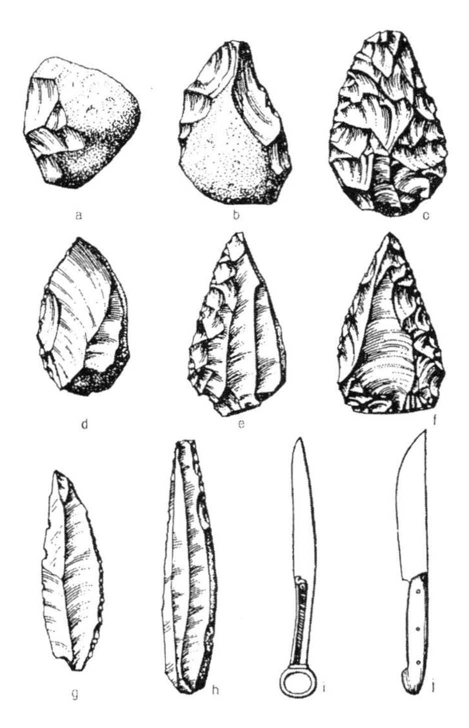

图3–28　刀的进化/旧石器时代前期
a：斧子
b：起初的两面石器（旧石器时代的石器）
c：石器时代的两面石器，旧石器时代中期（约公元前10万年）
d~e：削器
f：旧石器时代后期（公元前3万5千年—公元前1万年）
g：尼安德特人与智人交替期
h：指公元前1600—1万年，青铜器时代（约公元前1000年）
i：刀（西伯利亚）铁器时代
j：现在的刀（古希腊）
（安德烈·勒华古朗，1992年提供）

1. 勒劳埃–古尔汉 (Leroi-Gourhan，1911—1986年)，法国考古学家。——译者注

得到证明。在英语和法语里，“刀”不仅指餐刀，它还包括菜刀、小刀、刀剑等意思。德语里的“Messer”是食物、特别是指肉（maz）与刀剑（sahs）的合成语。这种作为“武器”的刀在现今仍过着旧石器时代生活的狩猎采集民的居住地也大量被发现。日本在旧石器时代的遗址中，也发现了距今约有数万年的握斧、石刃等。不仅如此，在世界各地还发现了木头、竹子以及骨角等材质的刀。

因此，刀从什么时候开始被人使用的并不重要，而重要的是其在餐桌上的使用方法和所具有的文化意义。

西方的刀

下面，让我们简单地回顾一下欧洲刀具类的历史。首先，在中石器时期的北欧，出土了许多石制以及用野猪牙齿制成的刀具类。到了公元前15世纪以后，又在北欧以及瑞士的湖上住居遗址中，发掘出了相当精巧的青铜制刀具，而到了古希腊时代，又出土了铁制刀具。不过在古希腊时期，刀与羹匙一样，还没有登上餐桌。如前所述，住在深宅大院中的人们另当别论，普通的市民家庭由于利用家族祭坛上的炉子做饭，所以餐厅和厨房是连在一起的。因此刀具类的食具近在咫尺，如有需要就可以直接使用。

如果要把刀具类的食具分离为餐刀和菜刀，就必须把用餐场所与做菜的场所分开。这种功能划分在罗马时代早期得以完成。在庞贝的大多数家庭中，虽然房子很小，但厨房与餐厅仍相邻而设。其中有些只是用一扇简易的木门隔开，可能是考虑排烟、排水的问题才开始隔开的。于是，为了方便家里的主人切割盘中的肉，就必须在餐桌上放一把刀。这种风俗在整个罗马时代一直被保留着，在小说《萨蒂里孔》中就有“铁制刀坐镇于餐桌”的记载。

随着罗马的灭亡，勺也一度消失了，但刀却没有遭此厄运。这是因为日耳曼人与爱斯基摩人、闪族人等狩猎民族一样，习惯用刀削带骨的烤肉来吃的缘故。接下来说的是凯撒时代的事，这是从《高卢战记》中所了解到的："古尔王朝的士卒们'围着炉子吃饭，他们坐在麦秸或兽皮上面，借助刀的威力将肉割下，用他们坚硬的牙齿把烤肉撕碎。在维也纳，切肉刀接连被发现，这似乎在告诉人们，肉在摆上餐桌之前是用刀割好了的。"当然，餐刀的使用一直持续到中世纪以后。

不过，当时的刀并没有改变其原始的形状。换句话说，刀刃短而尖且锋利，如同短剑一般。在宴会上大家拿着短刀争先恐后地分割盘中的食物(肉类)，因此，餐桌上的刀战时有发生。后来，英格兰的神父兼诗人亚历山大·伯克利(16世纪上半期)吟诗一首，描写了当时的情景：

如遇到喜欢的菜，不论是肉还是鱼，
十只手同时聚集盘中，
如果是肉，看到的就是十把刀，
切肉的刀在盘中上下翻飞，
若有手伸进势必受伤，
除非让手戴上盔甲。

在当时，人们手里持着刀相互扭打的情形时有发生，有的甚至发展为杀人事件。出去狩猎的王侯甚至直接用宰杀、肢解猎物的刀来吃肉。

我们从当时的多项禁忌条款中也可以推知刀是怎样危险的凶器。比如："不准像握剑一样地握刀"，"不准拿刀近距离地对着别人的脸和口"，还有"在把刀递给别人的时候，必须将刀刃握在自己手中，刀柄朝着对方"等。这些礼节大概确立于16至17世纪之间。其中甚至还可以看到以下的禁止规定：如不可以用刀切苹果、土豆以及橘子和鸡蛋等。实际上，从15世纪开始，生活中就出现了削果皮的用具，但在餐桌上似乎还不怎么被使用。关于这种现象，一般解释为：西方人手笨，而水果等圆形的物体又容易滚动，切不好就会伤到手。可是笔者认为，其深层原因在于刀是象征着动物死亡的存在，把它用在植物上会造成范畴的混乱，正是这种心理恐惧才产生了上述现象。

由于这种短型的餐刀过于危险，所以罗马教皇的最高顾问黎塞留[1]将自己家的刀尖全部弄圆，并请求路易十四发布禁止制造刀尖为尖形的刀的政令，于是在1669年此政令被颁布、实施。这是在《寸话集》中的有关餐刀禁忌的记录。也就在此时，真正意义上的餐刀在西方诞生了。中国人是最早放弃在餐桌上使用刀的国家，所以他们评价“欧洲人用剑吃饭，是不开化的民族”也就不足为怪了。

中国的餐刀

在中国，出土了多种被视为刀的原型的旧石器。汉语里的“匕”字同时也具有“羹匙”、“匕首”以及“短剑”之意，这可能是从砾石或其他石材上打下的石片，在使用过程中不断地发生了功能分化的结果。当然也有骨角制、金属制的餐刀。周达生引用知子的论文说：“在山西省侯马村遗址中发掘出了战国早期的骨刀，在河南省洛阳的西工区墓出土了铜刀，在山东省嘉祥石林村发掘出了元代的骨柄铁刀，根据这些挖掘结果，可以认定中国直到这一时期也在使用刀。不过，此时的餐刀与餐叉同装在一个鞘里边，所以可能与蒙古刀的关系密切。”

但是另一方面，如图3–29所示，在唐宋两朝的绘画中却看不到餐桌上有餐刀。那么，元代出土的餐刀的遗物是一种特殊的返祖现象，还是直到那个时期餐刀一直被使用？关于这一点没有明确的定论。还有，中国人从何时开始放弃使用这种危险食具的？换句话说，中国人何时开始把

---

1. 黎塞留（Armand Jean du Plessis de Richelieu，1585—1642），法王路易十三的宰相，枢机主教。——译者注

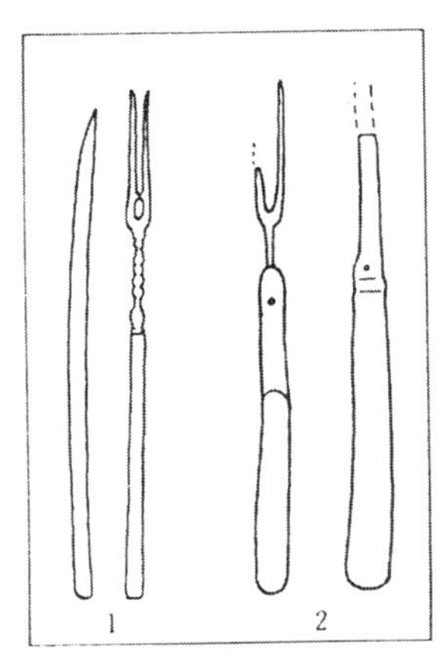

图3-29　元代的餐叉与餐刀/根据知子的原创图创作(周达生，1989年提供)

自己与野蛮的西方人区别开来的呢？这一点也是迷雾重重。笔者查阅了一些与中国饮食文化相关的一些日文书籍，尚未发现有利的证据。所以，很遗憾在本书中无法揭示这个谜底，最终只能以提出这个不解之谜而告终。

但有一点可以认定，餐刀在餐桌上的消失与筷子的使用有一定的关系(不过，中国主要使用筷子和羹匙两件组合)，这或许要通过日本的事例(只使用筷子)才能弄清部分原因。那么接下来介绍一下日本的刀。

日本的刀子

与中国相同，在日本也发现了很多被视为刀子原型的工具。如古坟时期的出土物中有石制菜刀。古代用餐时使用刀子之事，在一些文献中已经得到证实。比如在《日本书纪》中，就记载了仁贤天皇继位前的一段逸闻：

图3-30　古坟时代的石制菜刀的复制品(选自《世界大百科事典》，平凡社)

> 弘计天皇时，皇太子亿计侍宴，取瓜将吃，但无刀子。弘计天皇亲执刀子，命其夫人小野传进，夫人近前，立置刀子于瓜盘，是日，更斟酒，立唤皇太子，缘斯不敬，恐诛自杀。

虽然难波小野皇后与亿计之间此前好像发生过争执(此事姑且不论)，

不过，可以断定当时切瓜是使用刀的。况且，瓜类在弥生时代就已开始栽培。再有，在那之后创作的《圣德太子绘传》中载有衣冠束带的贵族在菜墩上欲宰杀野猪的绘画（见图3-31）。当时烧菜竟然是男人的事情，并且毫无抵触地在席间肢解野猪，这叫人惊讶不已。可是更叫人吃惊的是，做菜时使用的不是菜刀，竟然是短刀。

图3-31 贵族的餐饮，烹饪野猪的场面/《圣德太子绘传》（山内昶，1994年提供）

此类刀具在正仓院里确有收藏。而作为装饰用的刀却极其华丽，刀把由青石、斑犀角、沉香或象牙等珍贵材料制作而成，并在此基础上镶嵌上螺钿，涂上彩釉，并在其木制的刀鞘上用金银、鳖甲、吉丁虫的翅膀等进行装饰。此类刀具在《和名抄》中被读作“贺太奈”[1]，如此看来，既不能将其认定为餐刀，也不能视其为刀剑。这是由于它是从旧石器时代的石斧、石刃发展而来的缘故（见图3-32）。

在正仓院里收藏着的被称为菜刀的刀共有10把。而据关根真隆介绍，“刀柄为榉木涂黑漆，刀身细长，刀片为铁制，总长为38~41厘米，刀刃长约为22~25厘米，刀刃宽度的最宽处为1.4~1.7厘米”。此外，在《延喜式》中也曾有关于刀的记载，而且数量较多，并将其

1. 贺太奈 (katana)，现代日语“刀”的读音。——译者注

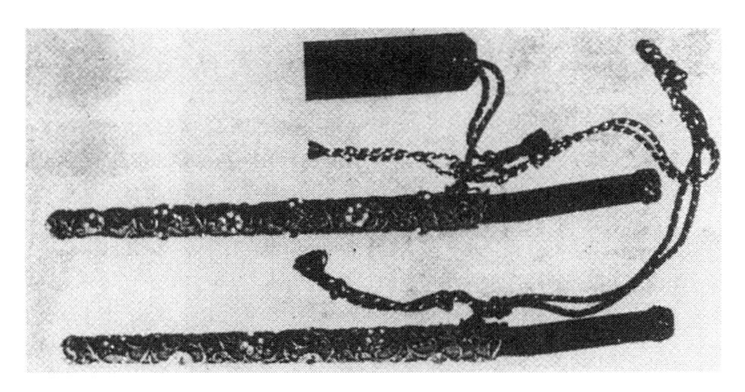

图3-32　装饰用刀/长22.9 cm，正仓院收藏（选自《世界大百科事典》，平凡社）

分类为：剥牡蛎用的、切鲍鱼用的、切海草用的、剔鱼骨用的、切面（唐朝食品的一种，用和好的小麦粉，把肉末夹或包在中间，然后用锅蒸或煮，被认为是面条的前身）用的，等等。也有人猜测这些刀是作为餐刀在餐桌上使用的，如果是那样，这些出土的刀具与其他人手一份的食具相比又少得多，因为它还不到人数的四分之一，因此，它应该是在厨房使用的菜刀。但是，在"收藏于正仓院的狩猎图里有一琵琶，琵琶的皮面上绘有宴席图，图中有用细身长刀切割兽肉的场景"，对此，关根真隆认为这与前面提到的用于切瓜的刀相同，是在餐桌上使用的。据樋口清之讲（1997），在大尝会（天皇即位后首次举行的新尝会）上，刀是与牙签（所谓牙签，并非现在使用的牙签，而是作为叉子使用的比较粗的签子）并列使用的。而天皇则经常把带缨的小刀佩在腰间，当吃干硬的食物时用刀削着吃。奈良时期的官员，特别是写经所的书生们都配有专用的职业裱装用刀，而这种裱装用刀在当时极有可能作为餐刀使用过。中国的餐刀就曾经作为裁纸刀而用于书本的装订。因此，此说法具有较强的说服力。

在后来问世的《吾妻镜》的建久元年（1190）10月的条款中曾记载着：在远江国菊河宿，佐佐木二郎盛网将小刀连同大马哈鱼肉条一同放置在木制的托盘上，然后送至赖朝的住处的故事。从镰仓时代开始出现了在腰刀的刀鞘内侧携带小刀的习俗，由此可以预见，后来，武士根据需要，把原本用来切割敌人首级的小刀作为餐刀来使用是完全有可能的。如此看来，可以认定从远古到镰仓时期，餐刀不可能从日本的餐桌上销声匿迹。而处于同一时代的中国的元朝，餐刀同样也在使用。但是，不可思议的是，不知道为什么，从平安时代至室町时代，餐刀在宴会上却不见了踪影。

切的艺术

一般认为，日本人之所以不用餐刀，是因为日式料理讲究“切割的艺术”。正如石毛直道(1993)所言：“为了做到只用筷子吃食物，就必须在加工阶段把材料切成大小适中的块儿，以便用筷子将其送入口中。事先将所有的食品切成小块，使用筷子进餐的这种文化是离不开菜板的。”

的确，即使如今在普通的家庭里，人们对各种菜也采取着不同的切法。如：银杏(把菜切成银杏叶形状)、松笠(花刀，如把鱼或香菇切成格子状)、松叶(把黄瓜或胡萝卜切成松叶状，做装饰用)、梅形(把萝卜或胡萝卜切成梅花的形状)、菊形(把菜切成菊花形状)、红叶(把胡萝卜切成枫叶形状)、半月(把圆柱形的蔬菜切成月牙形状)、雁木(把蔬菜或芋头糕切成碎块并呈锯齿状)、短册(把萝卜或胡萝卜切成细长状的薄片)、手纲(把鱼糕或芋头糕切成细长条形状)、奴(将豆腐切成4厘米大小立块)、矢羽根(将莲藕切成1厘米薄的条状块)、羽子板(把胡萝卜切成羽子板形状)、千六本(将萝卜或胡萝卜切成火柴棍粗细的条状)、微尘(把菜切成碎末)等。日本的主妇每天都在展示着她们诗情画意般的精彩厨艺。

关于鱼类的切法，在《当流节用料理大全》(1714)中有详细的记载：

万海川鱼小切形：所谓“背切”，是指先去头，然后纵向将鱼肚子切开，除去内脏，将头朝右摆成像在水里游动的姿势，保留鱼鳍，然后再将其横向地切成四五分厚的段。此切法适用于鲷鱼、鲈鱼等。“平切”的切法同上，将尾部朝右，腹部朝向对面或向前放平，从尾部下刀，横向切成四五分长的段。所谓“片背切”的切法也与上述的切法相同，先将鱼纵向切成两片，然后从尾部横向切成段，一侧带脊骨。所谓“垂切”，是指将鱼纵向切成3片，去掉鱼腹部较薄的部位，然后从左边下刀侧旋着切。而“琥珀切”，则是先将鱼纵向切成两片，去掉鱼腹部较薄的部位，然后横向切成若干段，之后再纵向切割。由于此种切法始于对琥珀鱼的切割，因此而得此名。所谓“一字切”，是指先将鱼纵向切成两片，然后再用刀从尾部开始切，故此称之为“一字切”。“赛子切”，指的是把鱼切成1寸见方的四方块。对加吉鱼、鲤鱼等的“横切”，是将鱼纵向切成两片，去掉鱼腹部较薄的部位，然后把中间的红肉切成两片，再把刀立起来从尾部切，但不能把皮切断，大概留1分厚的皮，以防把鱼弄碎。而同种鱼的鱼肉饼的做法是，将鱼纵向切成两片，之后把最好的部位横向切段，去皮，再用凉水冷却，然后横向切成薄片，最后将其叠在一起。不过，鱼肉饼有大小之分。“投作”切法同上，也是将刀斜着平切，切成薄片。“鲤筒切”，指去掉鱼鳞，但不需开膛，将刀直立着从尾部把鱼切成四五分厚的段，不过，一定小心不要把鱼胆弄破，因胆中有一种别样的东西，弄破了会苦，这与加吉鱼的平背切相同。所谓“毛切”，是指不去鳞，切法同上。对鲫鱼等的“一切法”，是指去鳞，不开膛，囫囵个切成1寸长的段。而“背越”，是指开膛，去除内脏，洗干净，然后从尾部切成段，此种切法适应于鲹科鱼、香鱼等的生拌吃法。“片背越”，是指将鱼切成片，每片都带骨头，做法同上。“切挂”是指将鱼纵向切成3片，然后切成若干段，再切成四五分厚的片，同时在鱼片上切出花刀。此种切法适合于杉板烧烤。“烧物大切”是以“一字切法”切成薄片，注意不要把鱼皮切断。“鮟鱇吊切”是指把鮟鱇吊起来洗，其洗法是从鱼嘴处往里注水，然后去鳍、剥皮，并将鱼骨结分离，再纵向切成3片，这种切法靠的是刀功。

在上面的记述中有些用词，即便查阅古语词典也弄不太清楚，如“鲶鱼的细切”（《宗五大草纸》）、“乱切”、“爪重”、“鹰羽”（《庖丁闻书》）等。由此可见，日本的厨师不愧是出色的艺术家。

西方的切割技术

然而，切割技术并非只是日本厨艺大师的专利。中国也是刀法考究的大国，在切法中，“条”比“丝”略粗，并有：“一指条”、“象牙条”、“眉毛条”、“麦穗条”、“凤尾条”等各种各样的术语。而孔子就曾在其论语中讲道：“割不正不食。”

西方也不例外。如16世纪初期，在永利肯·德·沃德所著的《分割的书》一书中，分别使用了很多关于切割动物的用语。而基斯·托马斯也说道：有许多词汇现在已经不再使用，也无法翻译，只有将其原词原封不动地列举出来。其中有许多含有虐待意思的用语（见图3-33）。一旦用错，就会被认为无教养或不合礼仪，这是一件很丢面子的事。这恐怕与日本“杀鸡”的杀（的行为），用“裂く”而不用“切る”来表示有同样的顾虑。从这一时期开始，人们以隐语来表示动物的文化意义差别，同时，根据不同词语的使用情况，也可以判断出专业人士与业外人士的区别。

说不定有人会惊讶：当时的人难道连海豚（当时将其归于鱼类）、鲟鱼、八目鳗以及白腰杓鹬、大麻鳽都吃？可是，1465年在约克举行的内维尔[1]大主教推举仪式的庆祝宴上，竟然出现了鼠海豚

1. 内维尔（George Neville），乔治内维尔约克大主教。——译者注

獣	イノシシ lesche, イルカ undertranch, ウサギ unlace, シカ break
鳥	雄ドリ sauce, ガチョウ rear, キジ allay, クジャク disfigure or dispoil, サギ dismember, サンカノゴイ unjoint, シチメンチョウ cut up, シャコ wing, ダイシャクシギ untach, チドリ mince, ツル display, ハクチョウ lift, ハト thigh, マガモ unbrace, 雌ドリ spoyle
魚	ウナギ traunsene, カニ tame, カワマス splatt, コイ splay, サケ chine, タラ side, チョウザメ traunch, マス culpon, ヤツメウナギ string

图3-33 动物分类用语(春山行夫,1975年/托马斯,1989年提供)

和海豹。3年后,玛格丽特嫁给了勃艮第公爵,在婚宴的菜单上有鲸鱼。在中世纪的欧洲河里有很多鲟鱼,而罗马最早的烹饪书籍《厨师的厨艺》、《厨师阿比鸠斯》中就有关于海葵、白子鳗、八目鳗的食谱。在弗兰克族的《萨利克法典》中也曾多次提及鳗鱼。酷爱小鸟的英国人,把知更鸟作为"家族的一员"来歌颂,然而,伊丽莎白女王却在早餐时常吃它。直到19世纪末,在伦敦的市场上每年都有几千只的云雀被出售。17至18世纪,如果去南欧旅行,是看不到小鸟的影子,也听不到小鸟的歌声的,对这死一般的寂静,就连英国人自己也感到惊讶。因为小鸟们刚从树枝上飞过来,就会被人们收入腹中了。根据拉伯雷[1]的《巨人传》中的记载,在一次酒宴上仅鸟类就达60种以上,其中还有潜水鸟、几内亚鸡、京燕等不知为何物的鸟类。

不仅切割术语如此纷繁,就连从哪个部位切,如何切都有详细的礼仪规定和讲究。如:兔子从什么部位,怎么切,鹤如何切,大马哈鱼如何切,美食家只取水鸟的胸脯肉,鱼只能用银刀切,用钢刀切会变味,等等。

约翰·拉塞尔在《食物之书》中记载了一件有趣的事。在汉弗莱公爵家,有个专门承担切割任务的人,他练就了一手切割各种活物

1. 拉伯雷 (Fransois Rabelais),文艺复兴时期法国最杰出的人文主义作家之一。——译者注

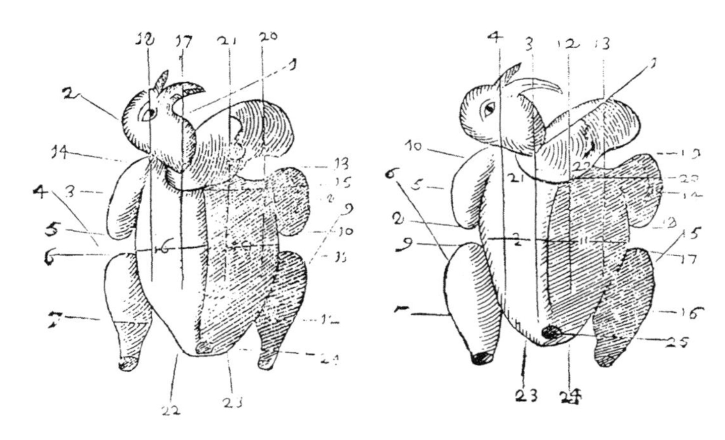

图3–34　西洋关于鸟的解体示意图（山内昶，1995年提供）

的高超本领。比如，在切鹿肉时，手不碰肉就能把肉切成很薄的片，并且能把其中最上乘的肉片用宽刀放进公爵的盘子里。在处理小鸟时，可以用左手提着鸟腿，以极快的速度将其劈开，也完全碰不着手就送到盘子里。切鹿肉如果不能用手碰，切割较难的部位时就要用勺辅助，但如能做到尽量不用辅助手段，那才能体现出一流切割人的最精彩之处。

但是，日本的切割技术绝不逊色于西方。"四条流"（始于平安时代的日本料理的流派之一，译者注）以及"大草流"（日本料理的流派之一，四条流的支流）等所谓的"式庖丁"，是切割技术的表演仪式。其切割仪式的细致入微的程度，在下面的《当流节用料理大全》的"料理人诸岛庖丁指南"中可以得到证实。

鹤、白鸟、大雁、鸭子等的切法，是首先将大雁的头朝前放在菜板的中央，将头压在左侧翅膀根处，用菜刀由左侧胸脯从上向下把水刮干净，之后刮右侧胸脯，再在左侧翅膀根处插一根筷子，从左侧胸脯切出一个口子，把右侧胸脯切下，然后把头压在右侧翅膀根处，接着把左侧胸脯切下，把大腿从根部切下，从左侧腿开始切，将放在菜板右侧的爪子朝右摆好，将头扭向左侧再把右侧的爪子切下，再将其放回右侧，将胸腔的骨架放置于菜板的左面的一角，然后将菜板刮干净，先从左侧把肉复原，把爪子放于右侧，放在头的下面，将翅膀从根部卸下，把肉放置于菜板中间的边缘处，将翅膀放置于胸腔的下面，最后把筷子再放回菜板中间的边缘处，右侧的肉也同样放置。

日本人的这种切肉只用菜刀和筷子的做法，与前面提到的汉弗莱家的切法完全相同，就是手绝不可以碰到肉。这样的庖丁名人自古以来不为少见。比如，在光考帝（9世纪末）时期，被誉为四条流派的开山鼻祖的山阴中纳言藤原政朝（人名，译者注）因夸口说："要成为能将鲤鱼切出36片的庖丁"而受到称赞（《江户流行料理通大全》）；保延六年（1140），鸟羽院（1103—1156年堀河天皇的第一皇子）去白河仙洞时，藤原家成（平安后期的公卿，译者注）在天皇面前力劈鲤鱼，其高超的技艺令诸大臣"瞠目结舌"，因此而受到讴歌（《古今著闻集》）；康治二年（1143），源行方在藤原赖长（1120—1156年日本平安后期公卿、学者）官邸，对纲代捕到的鲤鱼进行烹饪，"目睹者都羡慕不已"，因此他的厨艺受到了赞美（《台记》）；皈依佛门的所领庄园长官藤原基也被誉为"举世无双的厨师"（《徒然草》）；家康的厨师天野五郎大夫等的名字也被记录在册（《续视听草》）。陆若汉也曾写道："珍贵的物

图3-35 厨师/《七十一番职人歌合绘》

品，比如获得了猎鹰捕食到的猎物，往往是在领主或者客人的面前切好装盘。而从事这一作业的都是技艺精湛之人，在座的人无不为其精彩的技艺而惊叹。”所以当他看到厨师如此精湛的技艺时肯定是被惊呆了。

在这里顺提一句，所谓“庖丁”一词出自《庄子》一书，作者是中国古代道家学说的代表人物。在日本，“庖之丁”用来指厨房里的伙夫、杂役等。他们所使用的工具被称为“庖丁刀”，后来“刀”字脱落，“庖丁”就成了工具的名字。而在指做菜的人时，又在“庖丁”的后面加了一个“师”字，即“庖丁师”。

不过，虽然同是切割的艺术，在语义上却存在着本质区别。在西方，一般人们吃饭时，可以在众人面前毫不顾忌地屠宰动物、切割肉类，而日本的“庖丁仪式”只限于特殊的场合。在通常情况下，厨师在食客看不见的后厨进行。日本与西方在对待自然的态度上，一个是以彻底地毁灭自然，来高奏人类的胜利凯歌，另一个是悄悄地切断自然，以使自然再生。因此说，虽都是同样的切割艺术，但它们的文化意义却存在着天壤之别。不同的文化意识决定了人类对待自然的态度，即决定了是否在餐桌上使用危险的杀伤性工具——刀。

或许是因为中国的文化宇宙观正处于欧洲和日本的中间位置的缘故。誉满全球的北京烤鸭以及广州的烤乳猪，都是先将烤好的整只鸭子或全猪向客人展示之后，再拿到后厨去切成可用筷子夹着吃的小块，然后再重新摆上餐桌。有人认为，西方人是肉食人种，所以他们的餐桌上必须准备餐刀。其实，原因未必如此。但是中国人究竟是因为在厨房里已经把肉都切成小块了，所以，就只用筷子了呢？还是因为只用筷子，所以，才事先就把肉都切成小块？这似乎是争论的焦点。不过，这同“先有鸡，还是先有蛋”的争论性质一样，彼此的争论只能增加对问题真相了解的难度。

关于这个问题在下一章再做详细介绍，下面让我们来了解一下叉子的情况。

叉子的历史

叉子的起源

英语里的“fork”、法语里的“fourchette”，都是由表示农业用的大型叉子“fourche”派生而来的。均来自拉丁语的“furca”。“furca”的原意是指“分成两股的棒子”，也指套在牛等家畜脖子上的夹棍，或作为惩罚夹在奴隶脖子上的枷锁，有时也用来表示绞首架的意思。因为它是将两根两股棒直立于地面，然后在上面再放一根横木，最后把罪人吊在上面的。德语的“Gabel”，原本也是指钓鱼竿或支撑渔网的两股叉的木棒。西方的叉子如同一条直道分出两个岔道，是一根分出两股叉的直线型工具。

叉子最初的原型大概是为了捕获动物或鱼类而使用的两股木棍或树枝，即类似一种刺股、鱼叉那样的工具。可是如果再向前追溯，它的原型一定是由石头、骨头、木头以及金属等制作的签子、锥子、箭镞或小型的矛、扎枪等。用这种顶部尖锐的工具刺杀猎物，或者将肉串在它的上面用火烤。所以说，它与刀一样透着一股杀气。威廉·莎士比亚的名著《李尔王》中有这样一句台词:“叉子即便穿过我的胸膛。”这里所说的叉子并非是我们现在所看到的形状，而被认为是尖部带倒钩或者是分成两股的箭镞一样的利器。

如此看来，与勺和刀一样，叉子也是人类长时间以来普遍使用的食具之一。甚至有着江户时期的妓女有时也会把头簪当叉子用的说法。可是令人费解的是，当它的原型发生了功能分化后，再次登上餐桌的区域十分有限，处于欧亚大陆两端的西方和中国是其分布的主要区域。

斐济的叉子

然而，如同突然发生了变异一样，有一个例外的情况，出现在位于太平洋中央的斐济群岛上。据石毛直道（出处同前）讲：

> 斐济岛上的岛民现在仍然用手直接抓芋薯、山芋以及猪肉等食物吃。可是，在吃人的时候，却使用三股或四股的叉子。叉子的材料多选用硬木或人骨棒。因为他们相信吃人肉时用手抓会得皮肤病。在斐济的首都苏瓦市的博物馆里，展示着前端十分锋利的食人用的叉子。

很遗憾，笔者没去过这个博物馆。不过，石毛还讲了一个更令人毛骨悚然的故事："在1840年，某部落酋长死去。他在世时，每吃一个人就放起一个小石子，以便计数，结果他在一生中共吃了872个人。"但是，这种吃人的行为，如石毛所讲的，在18世纪末，因与白人的接触而引发了社会急剧动荡，结果导致内乱发生。有人认为这是因为用铁炮代替了棍棒，猎杀了大批的人的缘故。实际未必如此。杰姆斯·库克船长在《航海日志》中写道：擅长使用弓箭、投石器的斐济的"可怕的男人们沉迷于食用在战场上杀死的敌人的野蛮行径之中"。可见，在他"发现"之前，斐济人就已经有食人的习俗。塔布阿神话被看做是斐济的创世神话，其中也有关于食人的记载。关于这一点，在马歇尔·萨林斯[1]的《历史之岛》以及佩吉·里夫斯·桑迪[2]的《神圣的饥饿》中也有详细的论述。因此，在这里不做深入的探讨。总之，在日常的饮食生活中，人们一般采用手食的方式，而在食人肉时，由于担心手食会得皮肤病，所以才使用叉子。

---

1. 马歇尔·萨林斯（Marshall Sahlins），美国人类学家。——译者注
2. 佩吉·里夫斯·桑迪（Peggy Reeves Sanday），美国人类学家。——译者注

这说明叉子这一食具被赋予了阻断死亡的巫术性质的特殊意义。人为了生存下去，不得不剥夺其他动植物的生命，而食具正发挥了"掩盖这种靠剥夺他人的生命来换取自己生命延续的残酷现实"的文化功能。

中国的餐叉

或许有很多人感到惊讶：中国也有餐叉？其实笔者就是其中之一，我是在周达生的研究著作第一次看到的，与大槻玄泽、矶野春信同样，对此感到惊讶不已。

在周达生介绍的知子的《中国古代餐叉考索》中：在新石器时代以后的遗址中，出土了骨制、铜制、铁制等共64件餐叉。其中，商朝、汉朝、元朝等各个朝代的餐叉也很多。据周达生讲："在河南省洛阳市中州路的一座战国早期的坟墓中出土了51件餐叉，因此，可以认为，在东周时期'餐叉'的使用已经相当普遍。"如图3-36所示，大多数餐叉的长度为12~20厘米，齿长为4~5厘米。标号为1~6的为二齿。标号为5的，叉柄上有几何图案。标号为7~8的为三齿。标号为9的出土于甘肃酒泉遗址，属于后汉时期的遗物。周达生说：这些遗物之所以确定为餐叉，是因为这些遗物常常与骨匕、铜簋（盛食物的祭器）、牙签

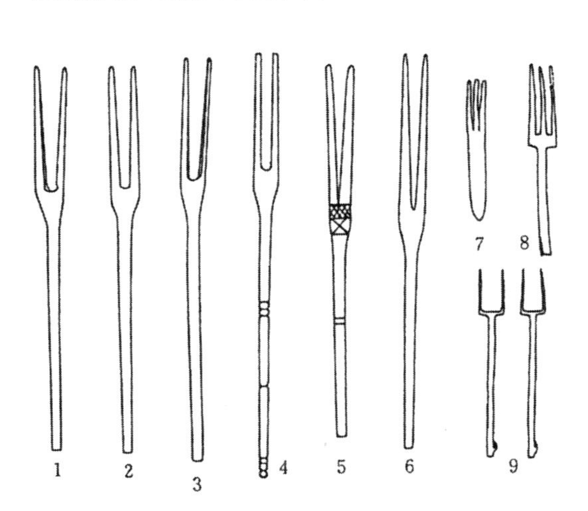

图3-36　古代的餐叉（周达生，1989年提供）

等在同一墓地出土。不过，较大些的可能不是在餐桌上，很有可能是在厨房里使用的。

在古代，“fork”是否被称作“餐叉”还不能确定。周达生甚至举出《仪礼·特牲·馈食礼》中的“毕状如叉，盖为其似毕星取名焉”的词句，并认为这种食具在古代，有可能被称为“毕”。因为作为二十八宿之一，牤牛座的毕星的尖端分为两股叉，呈二齿叉状。这个“毕”字的本来是指用来捞鱼或捉兔子的带柄的套或网，但它还有“把作为供品的动物挑起放入鼎里”的二股叉的含义。再有，在《礼记》中有“主人举肉时，以毕助之”的词句，“毕”的长度至少有3~5尺。根据这些记载，周达生推测：一定有祭祀时使用的大型叉。

一直到元朝为止，人们确实使用餐叉，可是后来为什么从餐桌上消失了呢？对此，周氏的结论为，筷子在“由手食发展而来的食器具”中占主流地位。吃饭时，筷子取代了勺，勺则退居到“只有喝汤时才使用”的位置上。并且，筷子又完全取代了吃肉时所使用的餐叉。这个结论不无道理，但是，他的见解多少有点功利主义的味道。之所以这样说是因为，在元朝之后，中国在某种程度上，仍然保留着对餐叉的使用。一色八郎从《清代宫廷生活》中，选取了许多皇帝日常使用的餐具的照片登载（见图3-37），其中有：餐刀、木把的果叉等。虽然对“携带式的食器具”没有标明年代，但可以看出是近代的器物，因为在筒中放有一只两股的叉子。不过，上述情形只存在于宫廷里，这与日本一样。那么，这到底是古代遗风的连绵存续，还是受西方的影响，使古代的“毕”再次出现了呢？在此难以定论。

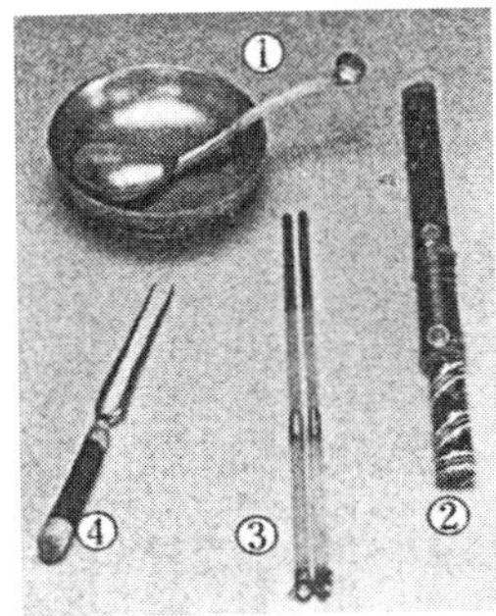

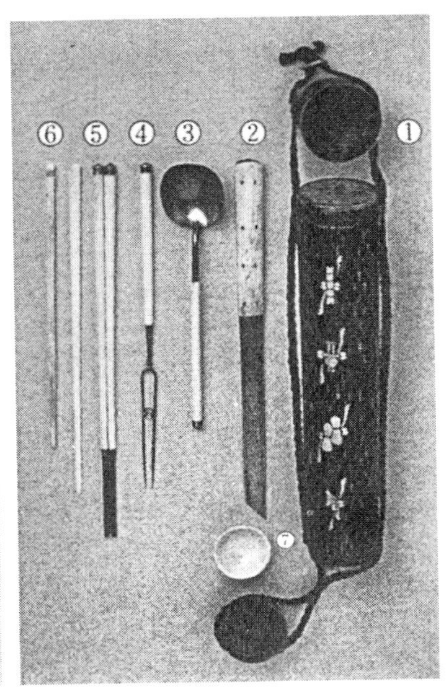

图3-37　左上图："皇上日常使用的部分餐具"（清朝皇帝，1736—1795年）（选自《紫禁城的帝后生活》，中国旅游出版社）
左下图："进餐用具" ① 青玉柄金羹匙　② 乾隆款金胎珐琅柄鞘刀　③ 青玉镶金筋　④ 金镶木把果叉（选自《清代宫廷生活》，商务印书馆香港分馆）
右图："携带式餐具"　① 手工制作的刀鞘　② 刀　③ 勺　④ 叉子　⑤ 象牙筷子（30.5 cm）　⑥ 牙签儿　⑦ 陶瓷酒杯
（一色八郎，1993年提供）

西方的餐叉

如此看来，餐叉绝不是西方特有的食具，何况它在西方出现的时期，要比中国晚得多。在石器时期，就应该存在类似餐叉原型的石器。可是在遗址中出土的遗物中看，据笔者所知，在西方尚未发现餐叉。虽然笔者并没有大量搜集欧洲的考古学的资料，调查也不够充分。但是，在古希腊语里存在着相当于"钩子（kreagra）"的词语，但并没有相当于"叉子"的词汇。笔者查阅了词源辞典，但是并没有找到拉丁语中的“钩子(furca)”之前的情况，法语中的“叉子(fourchette)”一词的出现也只不过是14世纪的事。

图3-38　手拿叉子的厨师/13世纪，巴黎（山内昶，1994年提供）

记载西方餐叉最早的文献出现于公元前数百年间编辑的《旧约圣经》里。据《出埃及记》中的记载：雅伟（现今的耶和华）命令梅瑟建造燔祭的祭坛，于是，梅瑟制作了青铜碗、小铁铲、钵、串肉叉子、火盘（盛火用的，译者注）等摆放到祭坛上。其中的串肉叉子并非是餐桌上所用的餐叉，形状与中国的“毕”相似，可能是祭祀时使用的工具。在《撒母耳记上》中是这样写的：

> 凡有人献祭，当煮肉的时候，祭司的仆人就来，手拿三齿叉子，将叉子往釜里，或鼎里、或锅里、或钵里一插，插上来的肉，祭司都拿了去。

供奉给神的活人，与供奉给神的动物没有两样，都是用来烹饪的。如图3-39所示，登载的就是《圣经》里的相关的插图，图中所表现的就是13世纪关于烹饪的场面。另外，在《萨蒂里孔》中，也有两处谈到了叉子：其一，是“一个厨师从操作台上取来叉子，摆出了决一死战的姿势”；其二，是“女妖用长叉把装蚕豆的旧麻袋挑了下来”。这里所说的叉子，毫无疑问就是指长柄叉子。因为是作为决斗的武器和女妖的道具出现的，因此，叉子依然没有摆脱死与恶的阴影。而这种厨房用的长柄叉子，直到中世纪以后仍被使用。

图3–39　手持烧火用的叉子的少年/1340年前后，用东盎格利亚方言书写的《Luttrell勒特雷尔祈祷书》(Henisch黑尼施，1992年提供)

那么，关于是否存在小型叉子的问题，答案是肯定的。因为在庞贝城遗址中已出土了数个。这座城市在公元79年8月被维苏威火山灰所掩埋。所以，大概就是从这个时期开始，西方出现了柄端呈篦子状、在餐桌上使用的叉子。如图3–40所示的就是与当时同一时期的叉子：左边的三股叉长13.9 cm，右边的二股叉长14.8 cm，所以毫无疑问，这种叉子是在餐桌上使用的。因此，可以确定，在公元1世纪的罗马存在用叉子进餐的人。

但是，仅凭这一点，还不能足以证明餐叉就是罗马人发明的。因为一般认为，餐叉起源于古代的中东区域，并且有一种观点认为，餐叉存在于古代亚西利亚帝国。现在，就有一款4世纪的银叉，由美国人个人收藏。黑尼施说："这种餐桌上用的叉子或许在拜占庭优雅的宴会上出现过。"但是，后来叉子与勺一样，在西洋的餐桌上消失，等它再度出现的时候已是在中世纪后半期以后的事。

据《中世纪的饮食文化》中的记载：13世纪的中叶，西方到东方传道的传道士佛兰西、威廉·卢布鲁克，就塔塔尔人饮食习惯的报告得到了法国的圣路易国王的认可。“为此特别制作了餐刀或者类似叉子形状的食具，用其尖部叉上食物，而让站在周围的人们吃上一两口。其食具类似我们今天吃浸泡在葡萄酒里的梨或苹果时，习惯使用的餐刀或餐叉”。所以与蒙古族属于同一血统的塔塔尔族人，将叉子带到中东地区的可能性也不是没有。卢布鲁克还写道：“在吃用葡萄酒浸泡的水果时，我们习惯用的是餐刀或餐叉”，这说明那时，餐叉已经传到了欧洲。可是，在前面登载的两幅路易国王的绘画中，餐桌上并没有出现餐叉，因此可以推测，这一食具在当时尚未被普遍使用。如是，餐叉又是从什么时候由东方传入西方的呢？

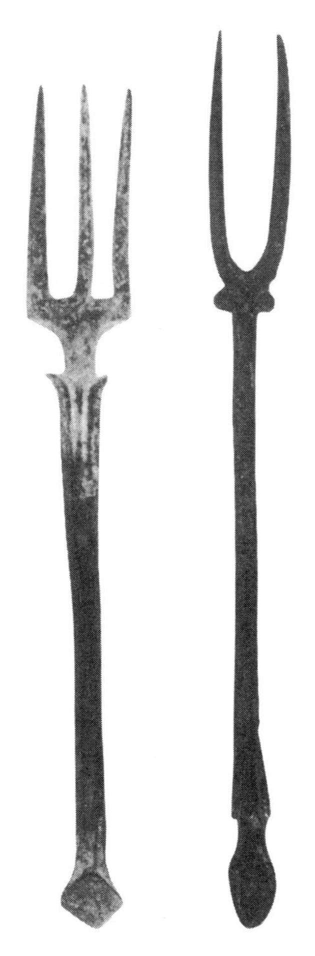

图3-40 1世纪的青铜器叉子/里昂罗马文明博物馆收藏（克莱尔，1994年提供）

餐叉的传入

11世纪初（也有人认为是10世纪末），东罗马帝国皇帝罗曼努斯三世的妹妹与威尼斯的后任总督多梅尼科·西尔维奥[1]结婚时，在婚宴上，她没

1. 多梅尼科·西尔维奥 (Domenico Silvio Passionei)，曾任威尼斯总督。——译者注

有直接用手抓着吃，而是使用金制的二齿叉子，费力地将宦官事先为其切好的小肉片一片一片地送到嘴里。对此种吃法，威尼斯人极其愤慨，后来罗曼努斯三世的妹妹得了不治之症。彼得·达米安红衣主教（Peter Damian，教皇格列七世的著名大主教，译者注）以"因不当模仿高雅，遭致身体全面腐坏"的十分恐怖的标题撰文。因为在伊甸园里，亚当和夏娃是用神赐予的双手吃食物的。他们认为：是神官们祈求神发怒的真诚祈祷灵验，因为她用人类制作的不洁净的器具吃饭，所以神对她进行了惩罚。然而，红衣主教一定用过餐刀，所以，这只不过是一场围绕着习惯所展开的保守派与革新派之间的较量而已。

11世纪的卡西诺修道院誊写了9世纪的德国神学家拉巴奴斯·矛鲁斯（Rabanus Maurus）编著的《关于一切》的一部分，现存有一幅名画（见图3-41），此画是11世纪在卡西诺修道院创作的，画中反映的是，两位修道士面对面坐在桌前进餐的场景。因为两人均使用餐叉，这就说明大体从这个时候开始，在欧洲有一少部分人已经开始使用餐叉（在卡西诺的手抄本里，还记述了很多在拉巴努斯·矛鲁斯时代还未出现的风俗）。

可见，叉子先是从意大利半岛传入，然后逐渐向北方扩展的。比如，到了15世纪，在遗产目录中看到当时意大利佛罗伦萨著名的美第奇家族成员中各自拥有餐叉的数量为：卢卡城的首领71把；皮埃罗·美第奇48把；他的儿子——洛伦佐·美第奇18把。餐叉主要用于吃甜点，即吃用白糖浸泡的水果。在古罗马时代也是如此，人们用餐叉吃由蜂蜜腌制的水果。

但是，如果说餐叉是从东方传到意大利的，那么，高而险的阿尔卑斯山又是如何越过的呢？对餐叉在法国的传播，据说是1533年凯瑟琳·德·美第奇与亨利二世结婚时，一起带来了很多文艺复兴时期的

图3-41　刀与叉的使用/蒙特卡西诺修道院手抄本

意大利的饮食文化，而且，认为在其中夹带了餐叉，这已是一般的定论。可是，据此认定是她掀起了法国饮食文化的革命，人们对这一传说至今仍存有疑虑。因为凯瑟琳嫁到法国的时候，只有14岁，并且，在她婚后的14年里没有孩子（她的丈夫另有情人）。她对法国的餐桌与风味产生了巨大影响的时候，应该是在她当摄政王，即她的丈夫留下的3个儿子死去以后（1559年）的事情，而那个时候，法意之间的人员往来、文化交流频繁。比如，凯瑟琳本人是法国的姑娘，而弗朗索瓦一世的堂妹——勒内在费拉里公爵寓所做事，而她的女儿——玛格丽特又与赛博雅公爵结婚。巴巴拉·韦彤（Wheaton Barbara）在其著作《味觉的历史》中，这样写道：

> 16世纪30年代至40年代，弗朗索瓦一世曾3次访问意大利，而从50年代起，蒙田长期在此居住。法国人如果是为了欣赏意大利艺术作品，无须去意大利。还是在凯瑟琳幼年的时候，弗朗索瓦一世就在皇宫招待过列奥纳多·达·芬奇。而且，当她嫁到法国的时

候，弗朗西斯科·普利马提乔和罗素·佛伦提诺已经开始对枫丹白露行宫进行装修。16世纪40年代，切里尼服侍弗朗索瓦一世。因为成就亨利与凯瑟琳婚事的是国王，从这个意义上讲，她也可以算是国王从意大利“引进”来的。自15世纪以来，意大利人在里昂具有了自己的强有力的社会基础，他们在商业、金融业，以及后来在印刷业等领域十分活跃。这些社会活动促使他们形成了一个文化共同体，为法国宫廷输送了许多外交使节。因此，当凯瑟琳来到法国的时候，佛罗伦萨的有名望的家族以及她的很多熟人都已经移居法国了。

所以说，将凯瑟琳作为掀起法国饮食文化革命之人是不确切的说法。

即是说，除了亨利二世皇妃以外，法国还从其他途径传入了很多意大利先进的文化。在查理五世的1375年的财产目录里记载着：有3把乃至一打的餐叉柄上镶嵌着宝石。而在他弟弟贝利公爵的1416年的遗产目录中，也有关于餐叉和勺的记载。由此可见，餐叉于14世纪末已经传到法国是千真万确的。

虽然拥有了餐叉，但当时的法国人使用起来似乎还有些笨拙。在《双性人岛的情景》中，作者讽刺了亨利三世（亨利二世的三太子）在宫廷中的进餐情景。双性人岛（以此来暗示亨利是双性恋）里的人们，宛如用刮胡刀刮胡子一样，把餐巾挂在前大襟上，“绝不用手触摸食物，挺起脖子，身体前倾，用叉子进餐”。吃凉拌菜就更加困难。“在这个国家，因为禁止用手触碰食物，无论怎么困难，比起用手指来还是喜欢用两股的小叉子与嘴接触。……看他们用叉子吃洋蓟、芦笋、芸豆、蚕豆等时的样子，十分可笑。因为比较笨拙的人，在从公用盘往自己的吃碟里取，或是往嘴里放的途中，大部分食物都掉落下去了”。而将此看作是人们为了追求时尚所表现出来的愚蠢，还是为了确立新的进餐礼仪而付出的艰辛的努力，则取决于个人的喜好。

对于用了几个世纪的时间，历尽千辛万苦，好不容易才翻越了阿尔卑斯山的叉子来说，还将面临下一个难关。那就是多佛尔海峡。而叉子进入到英国是在1608年（有说1602年的），由旅行家科里亚特[1]从意大利带回来的，这已成为定论。因手头没有原文，下面一段文字是从法文重新翻译过来的：

> 我在意大利的所有的城市里看到了，到目前为止，在我所访问过的国家里不曾有的习惯，而且我认为，这也是在其他基督教国家里不存在的习惯。意大利人以及住在意大利的外国人，他们在用餐的时候，经常用一个小型的叉子来切大盘里的肉。一只手握着餐刀，另一只手拿着叉子。在席间如果谁不留意做出将手伸向盛肉的大盘里的动作时，就会使同桌的其他人产生不快，甚至遭到白眼或非难。小叉子一般由铁或钢做成，其中也有银制品，而银制的叉子只有绅士才配使用。意大利人之所以如此讲究用餐礼仪，是因为人们的手不干净，不能容忍其他人的手指触摸到公用的大盘子。因此，我不仅是在意大利的时候，包括去德国的时候，以及回到英国的时候，总是模仿意大利人的这种进餐的新时尚，我认为这是一种高雅的进餐习惯。

为此，科里亚特常受到朋友的讽刺，并送他一个绰号："拿叉子的男人"。据说剧作家鲍蒙特和弗莱彻以此为话题，创作的喜剧《用叉子切割的旅行者》获得了巨大的成功。

但是，科里亚特似乎并不知道当时叉子已传到了英国。比如，在爱德华一世（1272—1307年）的财产目录里，只有一把叉子的记载，而

1. 托马斯·科里亚特 (Thomas Coryat)，文艺复兴时期的欧洲旅行家。——译者注

在爱德华二世的宠臣、同时又是情人的皮尔斯的财产目录里则拥有银勺69把、叉子3~4把。与科里亚特几乎同一时期的伊丽莎白一世，在她的桌子上也放着漂亮的玛瑙叉子，据传这是她从臣子那里没征得本人同意就擅自揣进自己怀里的。

顺提一句，根据记载，在西方第一次使用叉子的日本人，是天正遣欧使节团的少年们。他们在西班牙、意大利出席过正式宴会，在宴会上是按照当时西方宫廷的礼节进餐的。即便是自己进餐时，也“使用了如同象牙一样白的21厘米长的尖棒”。

虽说如此，这些翻山越岭、远渡重洋的叉子，却受到了王宫深宅大院的阻隔，并没有马上渗透到黎民百姓中间。特别是当叉子传到德国的时候，仍然受到了圣职者们的反对，认为食物作为神的恩惠，只能用神赐予我们的五个手指来吃，而用叉子则是有悖于神的理法，是亵渎神的行为。即“如果神希望我们使用叉子这个工具，那么为什么赐给我们手指呢？”。这与前面曾经阐述过的穆斯林以及意大利的圣职者的反应相同，而斐济人的反应却完全相反。亦是说，同样的食具在不同文化规制的作用下，会产生各种各样的歧义。

并且，即便是在同一时代、同一社会当中，文化的准则也绝不是单一的。即是说，因循守旧的顽固派与提倡移风易俗的革新派的斗争永远不会停止。比如，在凡尔赛宫，“国王用手指娴熟地吃着他喜欢吃的辣酱油”，以及深受圣西门称赞的、胃口极好的路易十四终生保持着手食习惯。他的王妃玛莉·泰瑞莎及母后安娜也同样，用她们“美丽的手指”抓大盘子里的食物，害得作陪的达官贵妇们也不得不效仿之。所以，当国王的孙子勃艮第公爵装潇洒，学用叉子时，路易十四勃然大怒，并加以制止。当时，在维也纳的宫廷里也禁止叉子的使用。即便到了1695年，在安东尼所著的《法国绅士实践礼仪新论》中，对餐桌礼仪还煞有介事地写道：

不许舔骨头、不准折骨头，也不可以吸吮骨髓。肉要放在盘里切，然后用叉子送到嘴里。我之所以建议人们使用叉子，是因为油腻的食物，以及像酱油、加糖一类的食物，用手直接触摸实在有伤大雅。如果用手抓着吃，就会有更多的卑劣行为接连发生。比如在进餐的过程当中，手若是被弄脏了势必要用餐巾擦拭，这样餐巾就会被弄脏，然后再用被弄脏了的餐巾擦嘴，谁看到了这种情形时心情会好？若用面包擦拭被弄脏了的手，就更加卑劣，若用嘴舔手，那就达到了登峰造极的程度。

上述例子的背后，似乎在述说着，随着那一时期的“野性的文明化”不断地被推进，新的感性逐渐在扩展。同时也让我们明白了，固守亚当和夏娃遗风的依然大有人在。

下面来介绍一下，从17世纪末到18世纪初创作的以“露台上的会餐”为题的绘画（见图3-42）：图中所显示的贵族的进餐情景，仍然是狗在桌子底下捡掉落下来的食物残渣吃。女性都是恪守着夏娃的方式。右数第二个人，脸朝这边坐着的那位男性，右手拿着餐刀，左手拿着叉子。他左边的女性用左手按着（食物），好像是在请坐在她左边的男性（看样子是主人的角色）为她切割，而她自己的餐刀，从当事人的角度看，是放在了她的餐盘的左边。而在想取放在最左边的酒瓶的男性，他的刀叉均放在了餐盘的右侧。侍者为每个人分发一份食物，虽然显示出现代风格，但看样子，刀叉只是用来切割，之后还是用手抓着吃。不知为什么，在这里没有看到勺的身影，或许是汤已经喝过了。总之，这幅画表明，当时是手食与食具食混杂的时期，食具的配置并不固定。

还有一幅反映凡尔赛宫“法式舞会”的版画，这张版画登载在1682年王宫年中祭事计划表内，在其版画中可以看到：有两套餐刀和餐叉放在餐盘的右侧。

图3-42 “露台上的餐饮”/国立民众艺术传统博物馆收藏(克莱尔,1994年提供)

但在图3-43中所展示的是,某食谱书中介绍的德国的早餐餐桌的布置,在其餐巾的叠法上表现出了各种各样的技巧。我们可以看到,在餐盘的右侧放叉子,左侧放刀和勺。据此可以认为,现在的西洋餐桌礼仪的真正确立,特别是关于食具种类和配置法,只不过是20世纪以后的事情,在这之前还存在许多不固定的用法与分类。

即便是到了1897年,在由野蛮的海盗后裔发展而来的英国海军中,也禁止水兵使用餐刀和餐叉。其理由有二:一是因为水兵们喝醉酒之后,有刀刃相见的危险;二是有损男子汉的气概。还不仅如此,即便是进入20世纪之后,出生在偏僻山村里的,一生中从未走出过村子的人们,还有很多没见过也没用过餐刀和餐叉的。

至此,得益于各位前人的研究成果,我以日欧为中心,对食具的

图3-43　早餐的准备/1891年在雷根斯堡出版的烹饪书籍中的插图（南直人，1998年提供）

起源以及在不同时代、不同地域的使用及其演变，粗略地进行了回顾。但是，由于时空的跨度太大，我对所有的原始资料不可能做到一一查证和翻阅，所以只是一个十分不完整的概观。想不到平日里不经意所使用的食具的背后，竟然存在着如此厚重的文化史。原本，人类与猿类并无二致，根据不同的需要，将眼前存在的合适的自然物体当作口食或手食的辅助工具，即食具来使用。而这个自然物体后来发生了演变，特别是近代以来，竟然演变成不同民族所特有的、具有固定符号意义的食具，如出现了有专门“使用筷子的国家”，换句话说，食具又成为了文化本身的象征。

为什么日本属于筷子文化圈，而西方却属于三件组合文化圈呢？下面我要对其背后潜藏着的，作为人与自然的关系的文化宇宙观的问题，做最后的考察。

第四章

食具的文化象征论

今天，人们使用的最基本的四种食具，即筷子、勺、刀、叉子等，如果追根溯源，它们的起源并无迥异。木头、竹子、石头、骨棒、箭头以及刮削器具、切器，或是坚果以及贝类的外壳等这些物体，时而被当作刀、筷，时而又作为叉、勺来使用。这一点，从汉语的“匕”字兼具“汤、箭头、匕首”等多种意思来看，也可以得到证明。这在上一章中已详细叙述。在古代，人类将这种复合食具作为人类在抓食过程中的辅助工具，并没有对其进行分工。日本人在上古时代，也曾使用过勺、刀，西方人也不是自古就使用三件组合（刀、叉、勺）的。分子生物学家坎恩（1987），对细胞内线粒体中的脱氧核糖核酸的变异进行了分析研究，并提出了现代人类共同起源于20万年前的非洲，由“非洲夏娃”发展而来的观点（对此也有持不同意见的）。根据凯恩的观点，古代的日本人与西方人在使用食具上所具备的共同特征，似乎就可以理解了。

然而，那些没有进行分工的原始食具，随着时间的推移逐渐分化，并具有了与各自的文化相匹配的特征。

其中最令人感到不可思议的是，只使用筷子而放弃其他食具的日本人与从未用过筷子的西方人之间的差距到底为何会如此之大？这章就来揭开这个谜底吧。

筷子的文化意义论

插筷子的传说

如众所知，自古以来，在日本就流传着很多关于筷子的神木传说。比如说，有这样的传说：一位大神降临凡间，有位老者将糙米饭盛在米槠叶上，并放上杉树的枝条，来款待这位大神。大神十分高兴，于是在饭后，将这“杉箸”插在了地上，谁知刚一插上就发芽了，并且（很快就）长成了大树。据说这棵传说中的神树，现在仍然存在。此外，有关“箸立传说”的对象，大都是关于黑姬权现诸神、弘法大师、泰澄大师以及莲如上人等各位高僧，或是西行法师、太田道灌等各异能者的神话传说，这些传说散播于日本全国各地，不胜枚举。其中，甚至有这样的神话：圣德太子以及源义家等将用过的筷子倒插在地上，结果生根长成倒垂的杉树。在各种传说中，人们大多数是在午饭时，折断附近的树枝作为筷子，吃了盒饭后，将筷子插在地上，便长成了神树。神树代表连接空中的太阳与大地的宇宙树，树枝代表杉树或桧树，大概是假托于这些常青树来表达永恒的生命和生命的复活吧。

这种以“宇宙树”为中心的“树木崇拜”，如弗雷泽以及伊利亚德所指出的那样，实际上，对人类而言，只是一种古老的、普遍的认识。伊利亚德指出：“树木（无论是具体的、礼仪性的，还是神话的，宇宙观式的，抑或是纯粹的象征性的）所代表的是不断再生的活宇宙。所谓‘不断再生’等同于‘不死’，所以‘宇宙树’，从另一层面看，就是‘永生’之树。然而，虽然同是‘不断再生’，在古代存在论中，其表示的是‘绝对实际存在的’的观念。但是在这里，树木就成了客观存在的象征”。

当然，在欧洲，“宇宙树”的观念也普遍存在。如在北欧神话里出现的宇宙树以及被德鲁伊教徒视为最高神祇的橡树等。这种树木象征着对宇宙自然的崇拜，基督教将其视为异教标志并对其进行镇压。可是，即便如此，在庆祝“春的复活”的“五月祭”中，“立五月柱”或者“立五月树”的风俗留存至今。但是，五月树也好，圣诞树也罢，作为原则，每年都要烧掉，第二年更换新的。这种做法含有“生命在死灰中得以复活”的含义。可是，通过人工完成的这一切，不可能发生那种依照自然规律发生的奇迹，即枯树上开花的现象。

然而，日本就不同。因为“箸”，没有接受外力，而是自然成长为神树。当然，作为工具使用的树枝不可能再生根发芽。那么，人们插箸生树的行为在由“不可能”变为“可能”时，就体现出了神与圣的神奇力量。但是，在这个问题上还有另外一层含义。也就是，自然与文化之间的关系是极为密切的邻接关系了。

在孩提时代，带着便当去郊游或野游时，一打开便当，发现妈妈忘记装筷子了，就在附近折断树枝来当筷子用。其实，在《今昔物语》中，就有这样的故事：多武峰的圣僧增贺在路边“折断树枝当筷子，我也吃，也让身边的雇工吃”。从这个故事中可以看出，不论今昔，日本人都做着同样的事情。并且，吃完后，还可以将用过的筷子扔在附近。筷子即便不发芽，但是它会回归到自然，将会变成泥土。而西方的金属制成的三件组合，就不可能是这个结果。总之，“筷子”是马上就能变成文化的“自然”，并且，如“插筷子的传说”一样，能不加改变地马上回归到自然。

当然，筷子的材料并不只是木头或竹子，也有用动物牙骨或者金属制的。但是，无论怎么说，日本是“树木之国”、“植物文明之国”。以木制筷子为例，来思考“筷子”的特点，也无任何不妥之处吧。诸多的“插筷子传说”已经暗示了这一点。

生食

日本料理的做法就是证明日本文化与自然之间密切相关的最有力证据。说起来，自然本身就是文化，文化本身也就是自然的日本，为使其饮食文化的特征更加鲜明，接下来要稍微偏离一下本篇的主题——食具。

日本料理的特点体现在生食上。即把天然食材不做任何加工，切好，摆放整齐后，就端上餐桌，这一点已被人们所熟知。当然，那些把鱼洗好，拍松后，制成的醋拌鱼肉就不用说了，像鸡、兔子、马、鹿、野猪等禽兽的肉做成的生食，或者仅涮一下就吃的五花牛肉以及其他的火锅料理等，至今仍是人们在日常生活中所品味的料理。路易斯·弗洛伊斯在《日欧文化比较》一书中惊叹道："欧洲人喜欢吃烤熟的、炖好的鱼。而日本人则更爱生吃"；"欧洲人把猪肉煮熟了吃，而日本人则是将其切成薄片生吃。"

日本人虽然被认为是素食民族，但在诸多文献中则明确地记载着古代的日本皇族频繁地捕猎，并将猎物肉生吃之事实。例如，在《风土记》中记载着：应神天皇（3世纪左右），在播磨（兵库县西南）的势贺，"追赶出很多野猪和鹿，猎杀到星星出来也未停止。"除此之外，还有仁德三十八年秋天（4世纪左右），在有高岗的菟饿野（现在大阪市北区兎我野町一带）捕鹿。允恭一十四年（5世纪后期左右），在淡路狩猎鹿、猿以及野猪等，这些事迹在《书纪》中均有所记载。其中，雄略天皇（5世纪后半期），可以与英国的伊丽莎白一世以及詹姆斯一世一比高低，其狩猎勇猛，颇为出名。在其就位第二年的冬天，在吉野的御马濑，他沉迷于捕杀猎物，简直就是要将鸟兽杀尽才肯罢休。那时，雄略天皇将猎物的肉和内脏切成薄片，蘸上盐和酸橘生吃。据说，雄略天皇甚至设置宍人部(直属朝廷)专门烹饪鸟兽肉(《书纪》)。

虽然那么说,生食却并非是日本特有的料理。张竞的调查结果表明:距离现在最为久远的中国料理书籍《齐民要术》中,就有关于吃生食(生鱼、生肉等)时,搭配的莼菜羹的制作方法的记载。在《汉书》中,有“生肉为脍”的内容,还有,在鸿门宴上,项羽劝说樊哙吃生猪肉等历史故事。“在春秋战国时期,吃生食是很普遍的现象,连孔子也喜欢将肉类切细后生吃。根据《礼记》记载,生肉的调味料,根据季节不同有所不同。在春季,使用大葱,而在秋季,使用芥菜。此外,生食鹿肉,则使用酱”。然而,生食后来在中国销声匿迹。在正宗的中华料理的菜单中也看不到它的踪迹了。

在这里顺便说一下,日本人蘸着酱油吃生食的习惯,始于江户时代。此前的吃法是,蘸着烘焙酒,或者蘸着用芥末、生姜、蓼属等为佐料的醋,或者蘸酱吃。以蓼属为佐料的醋,直到现在仍是吃烤鲇鱼时的调味料,因此可以说它是保留着相当原始风貌的调味料。再有,海鲜类也是蘸着醋吃的,如此一来,也就无法与生肉(的吃法)进行区分了。人见必大[1]在其著述《本草食鉴》(1697)中,对刺身和鲙是这样定义的:劈开的称为“鲙”,细切成线条状的称为“刺身”。但是,似乎也有与此相反的情况。如在《庖丁闻书》中有这样的记载:“所谓鲇鱼的筏鲙,就是将鲇鱼擦成细丝,在器皿上摆放上如同竹筏一样的柳树叶,然后把切好的鱼丝放在其上,端上餐桌。”此外,“刺身”这种叫法,好像始于15世纪中叶。当时,为使料理一目了然,如果是鲷鱼就把鲷鱼的鳍插在鱼肉上,据说“刺身”就是因此而得名。

虽说如此,生食鲜肉,并非是中日两国的专利。在西方也偶有这种情况。比如说,根据托马斯的说法,塞缪尔·佩皮斯[2]在1667年特写

1. 人见必大:江户前期的日本食物研究家。——译者注
2. 塞缪尔·佩皮斯 (Samuel Pepys),17世纪英国政治家、作家。——译者注

了极其喜欢吃生肉的木材商安德鲁斯[1]贪婪地吃鲜肉时的情景:“他吃得十分兴奋,肉片上的鲜血溅到下颚。”根据布里亚・萨瓦兰所述,在多菲内地区的猎人,九月份出去打猎时,带着盐和胡椒面,当捕猎到肉肥的鸟时,就拔掉毛,然后撒上调味料,将其放在帽子上走一会儿,然后再吃,并断言:鸟的这种吃法,比烤熟了要好吃得多。

即便现在,在法国也有能吃到鞑靼牛排的饭店,我本人在巴黎居住期间,有时就去吃。这种牛排,就是在生鲜牛肉末(有时搀上羊肉和猪肉)上,撒上椒盐,然后把蛋黄、葱末、欧芹、续随子(香辣料)等搅拌进去之后吃。尽管从名称就可以看出这种牛排属于鞑靼系的料理,但是法国人也常品味。但是,使各种生鲜类(刺身类)食物能成为具有代表性的大众饮食的国家,除了日本别无他国。

日本的生食,不只局限于动物食品。《魏志・倭人传》中的“倭地温暖、冬夏食生菜”的记述,说明我们的祖先也是吃生菜的。当然,虽称呼为“生菜”,主要则是山野菜、野草等,今天我们所食用的蔬菜大多数是外来品种。在《万叶集》中,大概出现了40种蔬菜,其中有生姜以及蘘荷等。据《魏志・倭人传》中的记载:“有薑(生姜)、椒、蘘荷,‘不知以为滋味’。”因此说,在卑弥呼时代,这些食物的味道好像尚未被人们所知晓。此外,日本人很早以前就爱吃海藻。在《万叶集》中,还出现了20余种海藻类的记载,如青海苔(浒苔)、裙带菜、海蕴等。

现在被认为是西方料理之一的“沙拉”,自端上欧洲人的餐桌,不过是近四五百年的事情。罗马人曾把生的包菜作为解酒的药来吃,但是这种撒上盐的生菜料理(这被看做是沙拉的语源)并没被端上餐桌。比如说“生芦笋”这道菜,如果根据名称去想象的话,这是一道将绿芦笋快速用水焯过做成的凉菜,但是实际上并非如此。在这里引用何维勒[2]的《美

1. 安德鲁斯 (Andrews)。——译者注

2. 何维勒 (Jean-François Revel),法国哲学家、作家。——译者注

食文化史》(1989)中，关于生芦笋的烹饪方法的一段。如果看了这个内容，大概就不能称其为“沙拉”了。

生芦笋料理。先将芦笋洗好，放在乳钵内将其磨碎，浇水，再进一步进行细磨，然后用滤筛网过滤。另一方面，把食用的长嘴小鸟洗净，做好烹调的准备后，加热。然后把6斯克鲁普尔（相当于7.776克）的花椒放入乳钵进行研磨，加入鱼酱油再磨，再加入一杯葡萄酒，一杯干葡萄酒和三盎司油稀释。然后，再将其倒入小砂锅里煮开。接下来在盘子里抹上油，打入6个鸡蛋，再把加入了葡萄酒的鱼酱油倒入，进行搅拌，再把事先准备好的芦笋加进去。把这个盘子放在热灰上，然后把先前已做好的汁液倒入盘中，把小鸟摆放在里面，加热后，撒上花椒，端上餐桌。

在这里顺便说一下，有人说“沙拉”一词的语源，来自15世纪至17世纪在法国使用的半球形钢盔，这种说法似乎不对。“头盔”(salade)这一词的语源，与意大利语的“celata[1]”、西班牙语的“celada[2]”同样，都是从拉丁语“caelum[3]”派生出来的。不但语源不对，出现的年代也有出入。因为料理“沙拉”一词，早在14世纪的英法就已经出现了。

但是，在很长一段时间里，人们认为生菜不易消化，因此，生菜的普及经历了很长一段时间。因为到了17世纪，英国的日记作家约翰·伊夫林还在其日记中再次对“沙拉”进行了定义：“所谓‘沙拉’是一种把(各种)鲜蔬菜搭配在一起的料理。”实际上到了19世纪，法国人仍然认为(沙拉)不利于消化。当时人们吃甜瓜的方法是，在甜瓜上打个小洞，把种子和软的果肉部分取出，然后往里撒糖，再注入甜葡萄酒(葡萄牙产)，经冷却后，做成冰甜瓜。或者把去了皮的甜瓜，放在

1. Celata：掩藏。——译者注
2. Celada：观看。——译者注
3. Caelum：雕具座。——译者注

糖浆里长时间地煮，然后放在太阳下晒干，制成甜瓜蜜饯后再吃。

在今天的西方，蔬菜沙拉已经相当普及，但是与肉类搭配的蔬菜，经过煮或者炒的程序后，变得黏糊糊的，大都已看不出菜的原样。如南瓜、菠菜那样，用筛网过滤后，从汤的味道和颜色上完全辨认不出是什么菜了。而日式与西式料理的区别，比如小芋头，日本的做法是带着皮用热水微煮一下，而西方的做法是把芋头煮过后磨碎，然后加入牛奶、奶油、盐、花椒等，做成洋芋泥。制作方法上的不同已充分显示出日式与西式料理之间的差距。如果说西方料理是以彻底改变自然（原有的颜色、形状，以及味道）为目标的话，那么日式料理，如果借用石毛直道的观点的话，就是"料理的目标就是不去料理，务求保持原味"。如果让笔者说的话，就是"让人看不出来曾经烹饪过的料理是料理的最高境界"。可以说，这种反自然的料理与自然料理之间的对立，正是不保留自然原貌的西欧金属制三件组合与使用自然的树枝作为日本食具的筷子（=文化）之间的对比，他们具有相同结构。

食用肉的术语学

接下来，从食用肉的术语学的角度，再进一步明确一下上述观点。鲭田丰之在《肉食思想》(1988)中，回忆起他自己的一个有趣的经历。他说："小时候，很爱吃牛肉，但有一天，有人告诉我说：'所谓牛肉，就是牛的肉'。听这么一讲牛的样子一下子就浮现在我眼前，此后，肉类就都吃不下去了。仅仅是看到或者闻到味什么的就感觉要吐。"在现实生活中，我们常常遇到因为吃多或者中毒，引起腹泻，从而在心理上对那种食物产生厌恶感，进而在生理上产生抵触的情况。但是，鲭田小时候，并没有出现过中毒现象，只是听人说了而已。本来"牛肉"与"牛的肉"原本是一回事，可是说法改变后，为什么就会有要呕吐的感觉呢？

实际上，是否用相同的词语来表述“活着的动物”和“杀了后的肉”，这里隐藏着一个很大的问题（关系到文化宇宙学）。在西方人看来，牛是为了食用才饲养的家畜，并只将牛看作是食欲的对象，把牛就作为牛，而没有任何抵触地吃。然而，日本人的轮回转世观，致使日本人在杀死动物时会产生罪恶感，对“吃牛”，会产生恻隐之情。因此，日本人改变了说法，把“うし”（牛）这个词用“牛肉”[1]来代替，以此来掩饰自己的罪恶感。

所谓“食用肉的术语学”指的是通过考察“动物名”与“动物肉名”的异同，来探求不同的文化在对待人与自然（动物）的关系上存在什么样的差异的一种研究。自古以来，各国的人们就开始食用的鸟兽的“活体”名称与其“食用肉”的名称表述方式可以总结如下表：

表4–1

动物名				肉名			
日	英	法	德	日	英	法	德
牛	cattle	boeuf	Rind	ギュウ（肉）	Beef	boeuf	Rindfleish
马	horse	cheval	Pferd	バニク サクラ	horsemeet	cheval	Pferdfleish
猪	pig	porc	Schwein	トンブタ肉	pork	porc	Schweinfleish
野猪	Wild boar	sanglier	Wildschwein	ボタン 山鯨	boar	sanglier	Wildschweinfleish
羊	sheep	mouton	Hammel	マトン	mutton	mouton	Hammelfleish
鹿	deer	cerf	Hirsh	モミジ	venison	cerf	Hirshfleish
鸡	chicken	coq	huhn	カシワ	chicken	poulet	Hühnfleish

1. 注：日语发音为“ぎゅうにく”，= うしの肉。——译者注

当然，在以“肉食”为主的欧美，对肉的分类十分细致。比如说，是雌性还是雄性，是否已经“去势”（以外来方式除去动物生殖系统或使其丧失功能），是幼崽还是成年兽，是身体上的哪个部位等都一一标明（这种分类的细致程度，足以体现出欧美人对肉食的关心程度之高），但在这里，仅用一般术语代表全部。如法语中的“鸡”，幼雏时称为“poulet”，与“鸡肉”同名。用公鸡“coq”来作为“鸡”的总称。如果用百分比（虽未必是非常精准的数据）来看各国的“动物名”与“肉名”的异同程度的话，日本为86%，英国为64%，法国为14%，而德国竟然为零。不愧是“野蛮的”日耳曼族的后裔（当然是玩笑），因为德国人只是在“动物名”上加“肉”来凑合。

我丝毫不打算说“直接表述法”越多，对自然就越残酷。日本人明明吃动物肉，但是却装作没吃，这种伪装率比起其他国家要高很多。虽然喜欢吃生肉却要伪装成没吃，这似乎有些矛盾，但实际上，并非如此。如果换个角度看这个问题，是因为与自然有着密切的关系，所以才用一种委婉的说法来表示吃“生肉”这件事。可以说这是自然的树枝=筷子=文化的矛盾结构的反相似性。

筷子的万能性

筷子的最大特点：它是文化，同时又与自然紧密相关。此外，它的另一个特点就是万能性。仅仅两根棍，却具备了摘、夹、松、支、拔、放、搬、剥、切、扯、扎、压等功能。并且无论哪种动作都能灵巧地施展。

当我们需要把鱼肉剔下来，把豆腐切成块时，它就取代了刀。往嘴里夹豆，或夹烧菜时它就代替了叉，喝汤时把汤碗里的菜夹住，或者菜跟汤一起喝时，就替代了勺，这样做的话，一双筷子发挥了三件组合的功能。在日本，用筷子来扎取食物被视为是不雅的动作，是禁忌的举止(因为“扎取”,表示攻击性)。而实际上,当我们在查看食物煮的程度,或在煮芋头大会上,有时也特意用筷子把块根类蔬菜扎起来,所以说,筷子发挥着由小型的标枪和长矛发展而来的叉子的作用。

当然,筷子之所以能发挥其万能的威力,是因为日本料理以刀功见长。如前所述,日本料理的艺术体现在“切”上,食材(自然)事先在厨房被改刀加工,在端到桌子上前,料理已经做好了,只要拿起筷子就可以吃。在日本的“食用肉的术语学”之处,我们也看到,筷子是极力掩盖由于切断自然而造成的人与自然之间被割断的状态,是呵护自然的文化产物。相反,在西方,比如说,烤全乳猪、烤全乳牛等,沉甸甸地放在饭桌的中间,以视觉来使人们享受征服自然的快乐。然后,再把屠户所切开的自然(肉块)切碎、串上,再次享受胜利的感觉。可以说,刀和叉,是如果不靠切断自然,来公然地炫耀人与自然的脱离,就无法实现其施虐文化的本质。

然而,筷子的多功能及其所具有的多用途的万能性、综合性,如果换个角度看,是因为筷子具备临机应变的弹性,能回避那种明确清晰的区别以及对立,而带有模糊不清的暧昧特征。比如树枝=自然,马上就可以成为筷子=文化,相反也是成立的。而筷子的多功能性,也再次显示了自然与文化之间并没有极端的隔离或对立,两者之间的界限,实际上是模糊的、相互渗透的。

关于这一点,下面将从筷子的语源来考察。我认为,那里隐藏着日本人为何放弃了汤匙以及刀,而只用筷子,或者说变得专用一根(应该说两根)筷子的秘密。

“箸”的语源

人们认为,日语中的“箸”字的语源,与“阶梯”、“梯子”、“桥”、

"端"、"嘴"[1]等有关，都是用来指连接两个事物的物体，或者说是被连接的事物的两端。"阶梯"是指"刻的桥"，也就是连接"上与下"、"第一阶"与"第二阶"的阶梯，"梯子"，原意是指在"干栏式建筑"的圆木上，刻上脚踏处的"吊桥"。这种梯子，如果将其平放，其意为"走廊"或者"栈道"。"桥"，就不必强调了，它是连接河两岸的建筑物。至于"嘴"，新井白石在《东雅》中是这样解释的："称'嘴'(Hashi)为筷子，因其镊子形状如同吃食时的鸟嘴。之所以称筷子为'端'，是因为在古代，将竹子削细，弄弯后，使其对折(两端相对)，然后(用来)取食。故此，命名为'端'"。根据白石的解释，前面提及的"镊子"形状的筷子就是模仿了鸟嘴。

无论怎么说，从语源中可以看出，所谓"ハシ"，都是把分离为上下、左右的两个事物连接起来的媒介。也就是说，"箸"是指，连接"食物与口"、"自然与人"的文化桥梁。从这一点，也许就能揭开"立箸传说"中把"筷子看做是连接天地的神木，即被视为宇宙树"的谜底了吧。之所以这样说，是因为在创造天地的神话里出现的天之御柱的"柱(はしら)"，在与"缝隙(はざま)"等词同根的"階(はし)"这一词上，附加上了助词"ら"，其意为连接两者之间的事物。

这种时间、空间上的两端之间的间隙，以及连接间隙的人与物，仿佛是一种分界线，具有象征性的意义。这成为人类难以解释的现象，引发了关注。到目前为止，在范·根纳普[2]的"通过仪礼"理论、维克多·特纳的"阈限性"理论、玛丽·道格拉斯[3]以及艾德蒙·朗奴·李区[4]等人的研究中已经揭开了谜底。关于这点，本人在拙著《揭开禁忌

---

1. 注：这些词在日语里都发音为"Hashi"。——译者注
2. 范·根纳普 (Arnold van Gennep)，法国文化人类学家。——译者注
3. 玛丽·道格拉斯 (Marry Douglas)，人类学家。——译者注
4. 艾德蒙·朗奴·李区 (Edmund Ronald Leach)，英国社会人类学家。——译者注

之谜》中，已做了详尽分析，不再赘述。在此，仅从抽象层面进行简单说明。

现在将任选的范畴A，与范畴A相对的概念非A范畴，连接起来（见图4-1）。

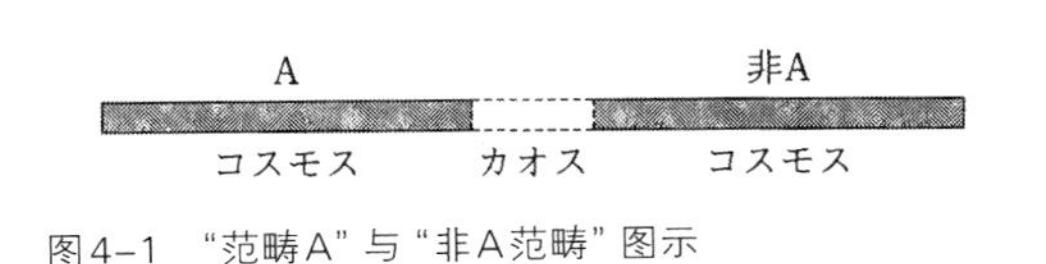

图4-1 “范畴A”与“非A范畴”图示

当从A向非A移动时，一定会通过有点线的部分。这个部分，即从A的右端到非A的左端，既是A，又是非A，同时既不是A也不是非A。也就是说，这个区域非常奇妙，具有两种含义。A终于何处，非A又始于何处，总是不太明了。它包含着无限靠近A，和无限远离A的“无边”的含义。如果说范畴分类常表示的是“秩序性”，那么这个边界空间，就是反秩序的、无秩序的，常会出现颠倒了的世界。并且，由于它是在正常秩序的裂隙上形成的异常时空，因此它还有危险的力量，带有灵力、魔力，使存在于分界线上的人或物附上“灵性”或“魔性”，“清洁”与“肮脏”的性质。因此，在通过这一地带时，要特别注意。

如果举出两三个事例的话，世界的大部分区域为何都把白昼（A）与黑夜（非A）之间的时间段黄昏视为妖魔鬼怪容易现身、大祸降临的时间？为何在门槛，也就是内（A）与外（非A）的裂缝上会附着着特别的灵力和魔力？为何出嫁时，即从姑娘向媳妇身份转变时，新媳妇被认为是不纯洁的存在，进入婆家前，必须要举行用火或水来洁净自身的仪礼？这些都可以用通过阈限的理论来解释。

“Hashi”正是处于相互对立的两个范畴之间，成为连接两者的界限本身，所以，它与其他很多的通过仪礼一样，具有相同的符号位相。因此，它所具有的各种象征性意义也是理所当然的。

“桥”的“圣性”与“魔性”

接下来，我将举例读音为“Hashi”的词中，最为流行的“桥”的话题。关于连接此岸和彼岸的“桥”，流传着各种传说。但是，如果大致地去分类的话，“桥”是神圣与邪恶（交互）显现的场所。

圣桥之一，应该是在《记·纪》中常出现的“天浮桥”。比如说，著名的伊奘冉尊和伊装诺的创造国土的神话：“二神奉命，在天浮桥上，将‘天沼矛’伸入海中来回搅动”。还有，在天孙降临时的神话：“受天照大神之命，其子天之忍穗耳命，预从天而降”。但当他到了天之浮桥时，看到人间十分喧闹，所以他又回到了天上。于是，他的儿子迩迩艺命（受天照大神与高木神之命），离开高天原上的石头御座，拨开天上层层缭绕的云彩，……笔挺地站在了天浮桥上，降落在竺紫（现在福冈县）日向地带的高千穗的“久士布流多气”峰上。

但天浮桥究竟是为了诸神往来于天上与人间而架设的天梯，还是如空中浮云一样，漂浮于空中，是为诸神光临（人间）而架设的浮桥？关于这个问题，自古以来在学者之间就有争议，可是，如果把这个问题放在“界限象征论”的框架中来思考的话，（上述观点）就都不成为问题。因为连接天（A）与地（非A）的两端的必然是桥或梯子，并且，知道那里是天神出现的神域（圣域）也就足矣。此外，也有关于在天地之间架设天梯的神话。如在《丹后国风土记·逸文》中，可以看到有关天浮桥的传说。

> 创造国土的大神伊装诺，为了往来于天地之间，从天上架了一座连接人间的梯子，因此，被称为“天浮桥”。但有一天伊装诺神在人间酣睡之时，这个天浮桥垮塌了。人们对此感到奇妙，所以后人称这里为“久志备（くしび）”。

所谓“久志备”指的是“奇妙的意思”，连竖起的天梯倒下，都浑然不知地大睡，居然有如此粗心的“天神”。然而，这也意味着，神与人的亲密交往的神话时代的终结，同时，也意味着严格地将两者区分开的现存秩序的确立以及天地之间的联系就此中断。实际上，《风土记》中的“播磨国印郡盆气里”这条里，还有下面的民间传说：（播磨国印南郡盆气里）这个地方之所以称为“やけ（yake）”是因为大足彦命[1]在此地建造了朝廷的直接管辖地“みやけ（miyake）”的缘故。

在这个乡里有座山。“山”名为斗形山。之所以这样称呼，是因为此座山是由石头做成了“斗”和“桶”。因此得名“斗形山”。斗形山上有座石梯。据说，上古之时，这个石梯可以通到天上，八十天神由此上下往来。故此，称之为“八十桥”。

上面的引用，讲的是地名的起源。从这个引用中看出，连接天地的媒介就是“桥”，并且，在上古时期，即世界的创始时期，人们可以自由地来往于天地之间。创世神话，一般来说，最先是把混沌的状态分离为天与地，形成宇宙。神圣的创世之初，神还是具有神格的人，人虽是人，但是，是具有神的力量的人。也就是说，人与神没有被明确地分割开，处于人与神同形的混沌状态。

如果将连接天地的垂直的天梯放平，它将变为连接河流的此岸与彼岸的现世之桥，这里则被看作是神灵、鬼怪、魔鬼经常出没的地方。

在最著名的是《古今和歌集》（第十四卷）中所咏唱的关于“宇治桥姬”的传说中：“在一块狭窄的席子上，只铺着一人衣服睡下，今晚依旧在等我的宇治桥姬”。“镇守宇治桥的桥姬，我非常爱你，因为我们都已上了年纪”。关于宇治桥姬的传说，有两个版本。其一，咏唱的是《山城国风土记・逸文》中，等待丈夫归来的桥姬。其二，是在《屋代本平家物语》中出现的魔女桥姬。这个版本的桥姬十分可怕，但很有意思。关于这些内容或许读者早已了解，但在这里仍做简单介绍。

1. 大足彦命：日本神话中的皇子，被视为景行天皇。——译者注在嵯峨天皇时代，有个公卿大臣的女儿嫉妒心很强，她在贵船神社整整待了七天，并祈愿说："宁愿生成鬼，杀取可妒人。"这时，贵船大明神现身，并示之曰说："你若更装易服，在宇治河浸泡三七二十一日，即能如愿。"女子闻示大喜，按照大明神的指示："遂将头发分成五份，绑成五只角，面涂朱砂，身涂丹砂，头戴铁圈，口衔松明"顺大和路南下而去。以此姿态在宇治河浅滩浸泡了三七二十一日，终于化为骇人的女鬼，"成功地"杀死了她所嫉恨的人。后来，当她想杀害男人时，就扮成美女，如果想杀女人，就打扮成美男子。从桥上路过的人，一个接一个地被她咬死，非常可怕。后来，又有了后面的传说：她在京都一条的戾桥上打算袭击四天王之一的渡边纲时被源氏的名剑"髭切"割下了一只手腕，后又化身为渡边纲的养母，欲取回手臂，等等。在这里，应该引起注意的是，这些神话中的"桥"都是神鬼出现的舞台。

如柳田国男列举"桥姬"一样，在桥上遭遇妖怪的传说，自古以来就非常多。同是宇治桥，还有下面的神话："从阎王殿来的3个魔鬼迎接并追赶上的樽磐岛的故事"(《日本灵异记》(中卷二十四))。此外，还有"在京都一条的'戾桥'上，12月末，遇到百鬼大游行，被吐了唾沫，结果变成了透明人"，后来"隐形男在六角堂观音的帮助下才得以显身"的故事(《今昔物语》(第十六卷三十二))。再有，在"近江"的势田桥，藤原孝范的随员在桥上，被一个女子托付了个小箱，并答应女子将小箱交给美浓国[1]的段桥西侧的女子。但回到家乡后，他稀里糊涂地忘记了女子的托付，将小箱随便放在了家中。结果，他的妻子打开了。箱子里面有很多人的眼睛和男人的生殖器。后来，便有了"美浓国的纪远助，因遭遇女鬼终毙命"的神话。在妖魔鬼怪的故事里，处处都有桥的影子。

1. 美浓国：现日本岐阜县南部。——译者注还不止如此，在桥上还不断举行着“桥占”[1]活动。在桥边，常常举行祭祀“道祖神”的仪式。“桥占”，一般都是在清晨或傍晚进行，分别称其为“晨占”、“夕占”。具体做法是，撒上米，念咒。据说能听到桥神的低声细语。白昼与黑夜的交界处，即天色朦胧之时，是神灵与鬼怪最易出没之际，加上桥的“边界性”（境界性），使其神力增强。因此，在《日本书纪》中，皇极帝三年六月的那项上写道，巫人在桥上甚至婉转地预言了“大化改新”这一政治大事件的发生。

道祖神，也被称为“塞神”。与古罗马的二面神一样，被祀奉在各种空间意义的边界上，如家、神殿、村庄、镇上、山顶上等。它发挥着监视内外，阻止恶魔瘟神进村的作用。男女合体的浪漫姿态是其最基本的形象，这是崇拜生殖器的原始巫术所留下的痕迹。同时，这也表示在开天辟地以前的混沌状态中，男女、阴阳，处于尚未分离的两性兼具的状态之中。因此，道祖神镇守在横跨于混沌之上、其本身具有双重意义的桥的旁边，也是理所当然的了。

上文所指出的桥，之所以既被看做是神灵过往的圣桥，又被视为妖魔鬼怪出没的鬼桥，是因为那里处于“宇宙的裂缝处的混沌状态”中，带有相互对立的两个范畴的性质，模糊而又具有双重意义的时空领域。这种奇异的状况，用“同一律”或者“矛盾律”都无法解释。因为，自然和文化，圣性与魔性，洁净与污秽等这些相互对立、相互否定的概念，实际上其根基部分是相通的。

筷子的神奇力量

筷子作为“ハシ（hasi）”族的一员，虽不像“桥（ハシ（hasi））”那样，有那么多的神话传说，但与“桥”有着相似的性质和功能。

---

1. 桥占：站在桥边，或者桥上，凭往来的行人的谈话来占卜吉凶。——译者注

首先，如常被人们所指出的那样，日本人的一生从筷子开始，以筷子结束。这样说并不为过。从前，日本人为祝贺新生儿的平安降生，要举行祈祷新生儿健康成长的仪式。举行仪式较早的地区，是在孩子出生后的第7天，就举行“七夜仪式”[1]。一般人家是在孩子出生后百天时，举办盛大的“第一次喂婴儿吃饭的仪式”。老式的做法是，在带座的方木盘上的器皿里，盛上红小豆粥或红小豆饭，加放头尾俱全的鲷鱼或短鳍红娘鱼，配上原木柳树筷。这从《河海抄》[2]的天历4年8月25日的那条记录里也可以看到这种仪式，所以说，这种习俗在远古时就已经存在了。红小豆的“红”，与柳条做的原木筷，都有辟邪的符咒力（在日本各地还存在把柳条筷子立在小豆粥里的迷信）。而供奉鲷鱼和短鳍红娘鱼是因为这两种鱼的体色为赤色，还有，人们希望新生儿的头能像这些鱼的头一样，变大变硬。当然，刚刚百日的婴儿，是吃不了固体食物的，但是只有形式上完成了“百日吃一粒”的仪式，新生儿才被看成正式的“人”（在日本各地都有这样的习俗）。而在百日之前死去的婴儿，还不被看做是真正意义上的“人”。还有个旧俗，不满百日的婴儿死去后会被埋在宅地内，盼其复活。因此，手在生后百天的“通过仪式”上，使筷子发挥了从灵（前世）的世界，向人世（现世）过渡的象征性功能。

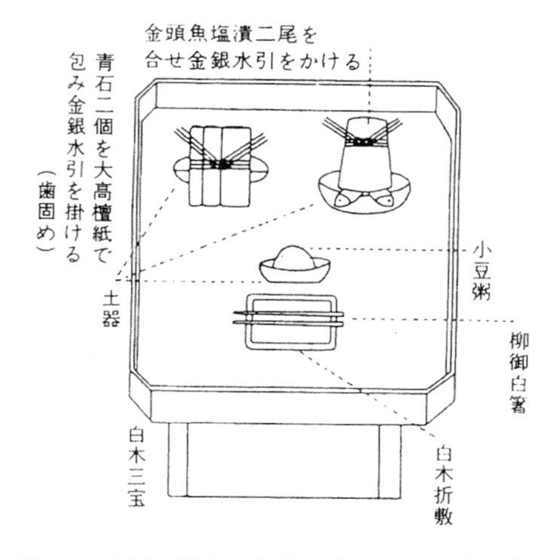

图4-2　“箸初式”御祝御膳（一色八郎，1993年提供）

1. 七夜仪式：要给孩子取名祝贺，然后给孩子穿上新襁褓，喂祝贺食品。——译者注

2.《河海抄》：南北朝时期《源氏物语》的注释书籍。共二十卷。作者四辻善成。——译者注

在人生的终点，人们会给死者“最后的水”。本来正式的做法是使用芥草叶，但现在，是在方便筷的前端缠上脱脂棉，然后给死者滋润嘴唇。“榁”有时也写作“榊”，在上古时期，“さかき”，作为“さかい(边界上)”的“き(树)”即“さかい”的“き”(边界上的树)，有时与“榊”一起被供奉到神前。在滋润死者的嘴唇时使用“方便筷”，这体现了筷子的“边界性”。

此外，葬礼上也会出现很多令人费解的筷子使用法。比如，在火葬场，必须是两个人分别使用材质不同(如木制和竹制)的筷子，把尸骨夹放入骨灰盒里。而在日常生活中，使用“材质不同的筷子”或“用筷子向他人的筷子递送食品”等做法都是令人忌讳的。但这一做法在特殊的日子里却(频频)出现，这应该是以此来表示逝者正处在途中。即，已经不属于这个世界，但也不属于那个世界的一种状态吧。这种边界状况，常常使现有秩序发生颠倒，以致出现“相反的现象”，这种事例还有很多。

再有，给死者枕边供奉满碗米饭的习惯至今尚存。具体说，在盛满饭的碗上，插入一根筷子，或者把筷子的一根直插入碗里，另一根横插在饭上，摆成十字形。这种习惯在中国和埃及也都能看到。这种做法，被认为是源于对逝者的一种关怀、关心的巫术，即祈愿逝者到了那个世界也不愁吃喝，期盼逝者复活的心愿。可是筷子为什么要插立起来？人们仍觉得不可思议。也许，插在饭碗里的筷子，与通天梯是同一性质，象征着为渡三途川(亦称其为“送头河”，意为人的世界与灵魂世界的分界)而架起的桥梁。在日本，在人生的开端与终结，作为连接前世与现世、现世与来世的桥梁，筷子发挥着其本身的神奇力量。

筷子不只在人世与灵界之间发挥作用，即便是在现世，也具有连接两个事物的神奇力量。比如，当自己的家人出门旅行或上战场时，为了祈祷他们平安，家里人供阴膳[1]的习俗就是其一。人们认为，这种风俗始于奈良王朝，在供奉时，所使用的饭碗和筷子一定得是他平日里使用的食器、食具。特别是筷子，被认为是寄宿着他（本人）的灵魂的，连接着远方的他与家里人的心灵桥梁。

因此，与此相反，逝者所使用过的筷子就要废弃、烧掉。即便是活着的人，午饭用过的方便筷也要折断扔掉，这种做法在今天也常能看到。这是源于从前的一种风俗。以前，人们出门旅行或到山上去干活时，就把附近的树枝折断当作筷子吃便当。可是“筷子”一旦进入口中，使用人的灵魂就会附着在用过的筷子上，这时，如果随意丢弃，那么山上的狐狸、狸、狼、猴子，或是妖怪等可能会拿起来耍弄而使自己灾祸缠身，出于这种担心，人们一定把用过的“筷子”折断后再扔。如果是在山顶等那些有“道祖神”的地方，就必须放进宗祠里等。

故此，在日本各地出现了“箸折峠”的名字。其中最为著名的是和歌山县西牟娄郡中边路町的“箸折峠”。在平安时代，花山院法皇[2]在前往熊野的神社参拜的途中，打开便当打算用餐时，发现没带筷子。这时，随从折断了旁边的萱草，给法皇做了一双筷子。餐后，法皇把筷子折断扔掉供奉给神灵，以恳求神灵保佑其路上平安。也因此，今天的人们才会看到模仿法皇身姿的牛马童子石像。

最后，我们还要对筷子被视为连接神与人的桥梁这一点，做一说明。在正月里，作为喜庆筷，柳树的原木筷现在仍被广泛使用。至于其渊源，在这里不去追究。但是筷子的材料之所以选择柳树，是因为柳树上被认为寄宿着超强的神灵力量。幽灵之所以常在桥边的柳树下出现，也是因为原本向上生长的树枝向下垂，造成了“范畴”混乱，令其看到边界处颠倒的世界。此外，柳树筷是中间粗两头细的双头

---

1. 阴膳：家人为了祝福出门旅行、出征等外出者，每日吃饭时供的饭菜。——译者注
2. 花山院法皇：出家为僧的上皇称为太上法皇，简称为法皇。——译者注

筷，这种筷子，被称为“大肚筷”，它象征着五谷丰登，子孙成群。同时，它还表示着一头供人使用，另一头则是神使用，有“神人共食”的意思。而年节菜，正是在年尾与年初的交界处——神圣的“第一次”里，神人共食的料理，所以必须使用象征纯洁的原木。

此外，从前，日本人在饭前饭后，都要进行筷子崇拜仪式（今天几乎看不到了）：把筷子横放在拇指与食指之间，双手合一，向神灵（神佛）祷告，感谢自然。这种“筷子崇拜”（不是禁忌的崇拜筷子）仪式，曾广为流传。当然，虔诚的基督徒也在饭前祷告，但是，不会把叉子、勺子拿在手里祷告。西方的食具，说到底是进餐时的工具，只是具有客体性质的手段而已，而日本的筷子，则是把“神与人”、“自然与人”神圣地结合在一起了，特殊的、神秘的传导体。它着实象征着两个对立的范畴融合为一的，泛灵论式的“神奇的hashi”。或许，这就是日本人进餐时，只使用万能筷，而放弃使用刀叉的原因之一。

可以说，筷子是传递神力以及魔力的“良导体”，但是从这个意义上讲，日本相反地有必要把筷子与周围尽可能地隔离开。在特殊的日子里，（ハレ）作为原则，使用一次性的原木筷，在平时，一般情况下，筷子也是属于个人专用的“食具”，并且按照性别和年龄进行分类，如夫妻筷、儿童筷（子供箸）等。直接用自己用的筷子夹菜（“直箸”），或者一道菜两个人同时夹，或是用自己的筷子向别人筷子递送食品的“箸渡し”等筷子使用法都是被禁止的。以上这些做法，大概都是因为以下原因：即便是洁净的原木筷，一旦沾到嘴边，人的灵魂就会留在筷子上，如果神灵附着在上，就被视为“感染”了。而这种被“烙上”（投影）使用人人格的“自己的筷子”与“他人的筷子”接触后，相互之间的“魔力”就会发生短路，致使不洁净的程度倍增。

此外，筷子也隐藏着危险性。因为筷子本身就处于对立的两个范畴之间的边界上，纵然不是上述情况，模糊暧昧的“己”与“他”、“男与女”、“大人与孩子”等，如果范畴的混乱程度加剧的话，那么不洁净度将呈乘幂上升，这很容易爆破了中间地带。

在筷子的故乡——中国，本来没有方便筷，人们只是在吃饭时，才有自己的筷子，也并没有夫妻筷、儿童筷（子供筷）之分。用自己的筷子，从大盘里给客人夹菜，被视为关系亲密。当然也没有“用筷子向别人递送食品”（箸渡し）或是“两个人夹一道菜”（二人箸）的禁忌。食具也只分为筷子和勺，筷子的魔力导体性应是很低的。韩国也使用过刀叉，但是，筷子是个人专用的食具，有夫妻筷，并且，也没有禁忌“用筷子向他人的筷子递送食品”的行为，因此可以说，无论从地理上，还是从文化上看，韩国都处在日本与中国之间的中间地带。

总之，日本人对筷子的这种特别敏感的感受性，起因于筷子的“桥性（Hashi）”，即其边界性，是它与日本人暧昧的自然观（与文化之间的界限模糊）产生共振的结果。

勺、刀、叉的文化意义论

筷子对日本人而言，具有特殊的文化意义。那么，欧美的刀、叉、勺又是怎样的呢？可以说，在进餐时，（它们）同是连接自然与人之间的桥梁，但却似乎与筷子具有完全不同的文化意义。这里清楚地显露出了日本与欧洲的文化宇宙论（观）的差异。因此，我们接下来对这三件组合所象征的文化意义进行考察。

三件组合的反自然性

随便拿起一根树枝（自然）就可以成为筷子（文化），筷子摇身一变就能成为树木（自然）。相对于日本食具的这种特征，欧美食具的特点，就体现在它的反自然性以及人工性上吧。

不管怎么说，在生产金属勺、刀、叉时，首先，要翻掘自然，开采矿石，然后借助火力或是化学的力量对原料进行提取、精炼，之后融化、搅拌，装入到模具中使其成形，然后要在其表面镀上金属。食具在经历了矿业、精炼业、冶金业以及镀金业等诸多的加工过程后，最后走上餐桌。最初的原矿石已经看不到痕迹，它变成了完全按照人的意愿，最大程度地远离自然的人工工具。

当然，筷子也有用木头的化石（木石）、动物的骨头或角，以及贝壳等材料制成的。可是，一提到筷子，我们首先想到的是木头，但是一说起三件组合，马上会条件反射似地想到金属。因为跟木制筷子的轻巧、温暖、柔软相比，金属制的餐具又凉又重又硬。与其说不合手，不如说对手有所抵触。还不止如此，特别是刀和叉子，原本就是结束生命的杀人武器，是带有“死亡”气息的无机物。在世界各地，从前就有各种与铁匠有关的妖术传说，时而令人感到恐惧，时而被神化，时而又被蔑视，被视为卑贱的（存在）。其原因就在于，这些金属餐具作为武器，作为无机物的金属本身，具有反生命的神奇性。

破坏性的料理

如看到日本料理，就能弄清筷子与自然的亲密性一样，三件组合与自然之间的距离，从西方料理的“人为特性”看，便可得出答案。西方料理，如同彻底地改变了自然而制成的三件组合一样，就像越是彻底地摧残、毁坏自然，就越能证明人类征服了自然似的，在西方，所有的事物都是这样发展的。

比如，根据《厨师的技术》、《厨师阿比鸠斯》中的记载，罗马的厨师在毁灭性地摧毁自然方面做出了相当的努力，他们使自然不留任何痕迹，不管什么都胡乱地混杂在一起，制造出自然界中完全不存在的

"怪物"(异物)。阿比鸠斯[1]自身就是美食家，据说他挥霍尽了百万财富，最后到了吃不起那些奢华的宴飨的地步，最终服毒自断性命。在此，介绍他书中的一篇"海味的碎切"的烹调方法。经过这种烹调，我们会发现原材料到底是不是海味，谁都很难甄别。

海产的碎切。把鱼放入砂锅，加入鱼酱油、油、葡萄酒、葱白丝、香菜等调味料开始煮。把煮好后的鱼切开，剁成碎末，与事先洗好、加热过的海葵(并且剁碎)，一并放入(另一个)锅里，然后，把花椒、拉维纪草、牛至等研磨后，放在一起搅拌，然后加入鱼酱油，再加入鱼汁。之后，再将其倒入先前的锅里，煮沸烧开、搅拌，然后把面粉用水和稀，倒入其中使其变稠。最后再撒上胡椒面，就可端上餐桌。

何维勒解释说：海葵的学名是"Actinia"，也就是"红海葵"。有时会加入枣、无花果以及用干葡萄制作的葡萄酒等材料。或许你会感到惊讶：罗马人竟然吃那种让人感到恶心的海葵？实际上，海葵现在也是马赛地区的名菜。与此相似的，爱吃稀奇古怪东西的(人)，在日本也有。何维勒非常恰当地将这种料理命名为"破坏性料理"。

从古代穿越中世，直至近代，凝视欧美的烹调方法，让人体会到的是西方人一方面为生存而要食用自然界的动植物，而另一方面，又不顾一切地去掩盖因此而显露出的矛盾，即存在于自然界中的人类自身的动物特性。(为达到这样的目的)可以认为，他们一直以来都在彻底"摧毁"天然食材，并为摆脱食材的自然特性而疯狂地付出努力。接下来，看几个例子。首先来看他们在使用天然的食材、制造自然中所没有的食物的过程中是如何倾注热情的。

为一个最为盛大的宴会和最为大胆的烹调师预先设定的最为壮

1. 阿比鸠斯(Apicius)，罗马美食家。——译者注观的肉食料理，毋庸置疑，也正是为了这种场合而特殊制作的令人目瞪口呆的超大料理。具体做法是，把公鸡和猪都切分成两半，将骨头剔去，把鸡的前半部分和猪的后半部分，或者相反，缝合到一起。接下来，再把肚子填满，然后串在铁钎子上烤，再用蛋黄、干藏红花粉以及生姜进行着色，用绿色的芹菜汁加上条纹。

这是发生在14世纪的英国的一个事例，这种料理，简直就是希腊神话中假想出的具有狮头、羊身、蛇尾特征的怪兽，可以称其为“客迈拉料理”。然而，公鸡和猪的客迈拉料理还算不了什么。1443年举办的“野鸡祭”中，推出了一个超大型的带馅儿的“大饼”，据说，饼内藏着28个音乐人，用各种各样的乐器演奏。如果有人认为这有欺骗的嫌疑，那么可以看图4-3。很遗憾作者并没有写明这个大饼是用什么制作的，但是音乐人确实乘坐在“塔”基里。桌子上堆得高高的料理，好像至少也有半人高。

图4-3　为获取弗朗什-贡岱而举办的庆功会（1674年）/皮埃尔·勒博特尔的铜版画，1676年，国立凡尔赛宫博物馆收藏（克莱尔，1994年提供）

这种异想天开的超大料理，不只体积大，其重量也是十分惊人的。下一道超大料理于1513年出现在罗马市为“美第奇家族”所举办的祝贺宴会上。在卡比多里欧广场，大概有20位左右的客人并排坐在主席台上，主席台的周围是观众席，好奇心旺盛的罗马人蜂拥而至。根据当时的诸多记录，贺宴是按照下列程序进行的：

> 首先，在客人的面前摆放着高级麻质餐巾，在餐巾里面包裹着活着的小鸟。洗手水拿来后，客人展开餐巾，放出小鸟。小鸟在餐桌上一边到处啄食，一边上下蹦跳。正餐开始前的小吃摆放在另一个小桌上，并分到小盘里，由服务员搬运过来。有：松子点心、马尔瓦西葡萄酒浸泡过的压缩饼干、装到杯子里的甜冰淇淋、无花果以及麝香葡萄酒等。接着，第一批料理运上来。有：在多个超大型的盘子里装满了烤过的小鸟，包括吃无花果的小鸟、鹌鹑、斑鸠等。还有馅饼，以及具有加泰罗尼亚风味的鹧鸪，还有经过烹调后又将皮和羽毛披上的公鸡，以及同样做法的母鸡。这些鸡都有腿，稳稳地站着。那些焯过的食用公鸡（去势鸡）被浇上白色的调味汁，抻得很薄的松仁蛋白奶糖、鹌鹑肉馅的小馅饼，烫过后又把皮披上了的四角公羊站在金制水盘里，简直像活着一样。(何维勒，1989)

此外，还有用金箔包着的甜口味肉食鸡（去势鸡）、加上了绿色调味汁的山羊肉，还有在餐桌上做的茉莉花树盆景里，用爪结实地抓住了兔子的鹰等，这样的烹调大菜，至少要上来12次、13次，等客人们吃饱到甚至感到恶心了，他们就开始把料理分给来参观的人们，这些人没多久就吃饱了，于是他们开始相互投掷食物。据说，转瞬间卡比多里欧广场就变成了扔满剩菜剩饭的垃圾场。

这种破坏性料理、客迈拉料理，它的体积之大以及量之多，不只是为了引起人们的幻觉。西方的烹饪师，并不满足于改变破坏自然，他们想用食物来虚构其他的自然，即人造的世界。比如说，用豆汁染色

图4-4　用砂糖建造的人工世界/carinatus的版画，1587年

后的鱼子，不仅从外观看上去像实物豆子，就连味道都像。以为是苹果，可是一吃，里面却是用肉末做的丸子。烹饪师甚至把枣、无花果、梅干、杏仁等用线交错串上，再披上金黄色的外衣，简直像野猪的杂碎烧烤。特别是用糖加工的“自然”（见图4-4）：各种各样的动物、结满沉甸甸果实的果树、塔楼、喷泉、美少女以及骑在马上的骑士等，构成了人造世界。总之，烹调师们欲把自然改造成人工的自然，来取代上帝创造的新的世界。

虽说如此，那不过是徒劳的奢望。因为他们无法像上帝那样从无到有地去创造，他们最多不过是使用自然的素材，生产伪自然，组装虚假世界而已。

三件组合的单一功能

如果说筷子具有暧昧模糊的万能特性以及综合特性的话，那么，相对的，西方的食具则是按照各自不同的用途进行了功能分工，其特征是，各自具有固定用途的单一功能性以及个别性。这点是不争的事实。比如说，现在的全套西餐套餐，在餐桌的定位盘的右侧摆放的是汤勺、吃鱼和肉所用的刀、吃牡蛎以及蜗牛时所需要的叉子等。在盘子的左侧摆放的是吃冷盘的叉子，以及吃鱼用的叉，(这些)叉子的尖都朝着对方摆放。在盘子的前方摆放的是，抹黄油用的小刀，吃水果用的叉或勺、茶匙等，全部备齐。不太习惯的人，对于用哪个食具吃哪个料理，有时会感到困惑，有时哪怕用错一点儿，也会被认为是没有礼貌，不懂礼节，并因此遭到白眼。正因这些缘故，甚至有人觉得累而讨厌吃法国菜。

实际上，纵使是吃惯了的人也常会感到困惑。这不只源于国家与年代的不同，由于身份以及时间、地点、场合的不同，食具还担负着符号学上的“加以区分”的任务。比如说，根据有关书籍的记载，在切肉时，左手拿叉右手持刀，等切完后，把刀放在盘上，叉子从左手换到右手，用叉子叉起切好的肉送入口中的，这种属于美式。英式的吃法是不换手而直接用左手拿叉吃。在放置餐刀时，英国人是放在盘子上，而法国人则可以戳在盘边上。在切割食物时，叉尖要朝下，(切好的食物)往嘴里送时，同汤勺一样，要将食物放在叉子正面的叉腹上。这被认为是美式用法。英国呢，在吃青豌豆时，要放在叉背上往嘴里送。

当正餐后的冰淇淋端上来时，是用勺吃。当作为主菜后的清口食品时，用叉吃才被视为是正式的礼仪。据说，冰激凌的现代吃法，不是用勺，而是用小餐叉。在吃芹菜、生菜、菊苣等蔬菜时，不用刀而是用叉子的边将其切成合适的大小，再用叉卷上吃，这种吃法被认为很高雅。但是，洋蓟、芦笋等则用手指掐着吃，也被认为是正式吃法。但是，在礼仪书中，有种说法是，芦笋的嫩尖，用叉子(边)切下来吃(送入口中)，而茎部较硬的部分则用手指掐着吃。如果这种说法成立的话，难免会产生这样的疑问：正式的餐桌礼仪到底是怎样的？正如日本的进餐礼仪有不同流派，如：伊势流派、今川流派、小笠原流派等，各流派在进餐礼仪上也有着细琐的差别。原来西方同日本也一样。

可是，原理是十分清楚的，刀就是切割用具，叉子是刺中食物的用具，勺子是用来舀食物的用具。以这三种最基本的功能为中心，根据食材以及料理方法的不同，三件组合只是技法上发生了各种变化而已。可以说，这与凭借两根棍就能完成所有功能的筷子的简单性相比，三件组合在功能分化后，所带来的各自功能的单一化，决定了其使用方法的复杂性。

食物共同体

这种复杂怪异的进餐礼仪，如同符号理论一样，启动起来的时期，纵使是西方，也是进入近代以后的事。如前面已详细叙述过的那样，从古代到近世的餐桌上，人与人之间、人与自然界之间并没有明显的界限，暧昧模糊、混淆杂乱、毫无秩序的交流十分显著。整个社会构建在共同体的基础上，餐桌也同样是在共同性的基础上构成的。进入近代后，为什么单一功能的食具会如此大量地出现且全部到齐？为弄清这一点，有必要从另外的角度进行考察。

首先，从前，刀叉在西方并不是作为各人专用的食具，而是以“已使用食具”为前提摆放在餐桌上的，是几个人共同使用的。盘子、钵等也都是共用的。别人已经用过的（食具）也毫不介意地继续用。

料理呢，采用空间上同时进行的方式，即从共用的大盘子里，大家互相碰撞、争抢着吃。其实，在现代，比如说围着一个锅，大家也习惯用自己的筷子相互碰撞着直接夹菜吃。这种吃法，会增强与朋友之间的共同感，去除与他人之间的隔阂，使得相互之间融洽相处，体现自己与他人之间的亲密程度的社交指数也会提高。这种经历，想必大家都有过吧。江户时期也是这样。长崎的特产——卓袱料理，它的特点是，“在一个大的容器里，盛满食物，宾主几人都用各自的筷子，互不客气地吃”（橘南溪《西游记》）。这种吃法，与严格区分自己与他人的食具，以及被封建身份秩序紧紧束缚的正式的日本料理有很大区别。据说卓袱料理给当时的江户时期的日本知识分子带来了别样的轻松感。但是，文人南溪担心：如果大家在日常生活中，也都采取这种吃法的话，就会成为一种非常不得体的举止。因为作为共同体的餐桌，也成为了大吵大闹的场所。

不只是吃法，菜肴本身也简直混杂到了极点。混杂本身也有乱交之意，比如说，苏维托尼乌斯[1]记载了罗马的一个愚蠢皇帝“维提里乌斯”[2]献给智慧女神密涅瓦[3]的料理的秘诀的事情。根据此记载，这道菜是这样做出来的：“从帕蒂亚帝国的边境直到直布罗陀海峡的罗马帝国的各地收集来的新鲜美味”，如“鱼的肝脏、野鸡以及孔雀的脑浆、红鹳的舌头、七鳃鳗的鱼白”等，把这些极尽奢侈的食材拌在一起，然后再浇上味道浓郁的调味汁。这就是“破坏性料理”或者说“大杂烩料理”，这种料理，无视食材本身的特点，把所有的食材都放进去，糅合在一起，结果变成了看不出原貌的不伦不类的料理。

这种烹饪方法在中世纪是很普遍的。接下来要介绍的是14世纪出现在英国的最古老的《烹饪书》中的秘诀。

在封闭严实的容器里进行烹调，肉汁就不会淌出来，肉会香浓湿润。具体做法如下：在公鸡的腹内，填入荷芹、鼠尾草、海索草、迷迭香、麝香草（百里香）等，再用番红花染色，把这个（填满佐料的）公鸡放到深锅里，为了不碰到锅，还要将鸡放在木片上，把药用植物和“能弄到手的”最高级的葡萄酒倒在鸡周围。然后，将水和面粉和好的厚

1. 苏维托尼乌斯（Sueto Anius），罗马帝国早期传记体作家。——译者注
2. 维提里乌斯（Aulus Vitellius Germanicus），罗马皇帝之一。——译者注
3. 密涅瓦（Minerva），希腊奥林匹斯十二主神之一，也是奥林匹斯三处女神之一。——译者注

面筋把深锅的锅盖密封。接下来，把深锅放在下面烧着炭火的台子上煮。当鸡煮好后，把深锅从火上移开并放在稻草上，以防热锅碰到凉地板后炸裂。当锅冷却后，把盖掀开，把鸡取出来。将锅内留下的鸡的脂肪，从浓香的肉汁里捞出来。最后，将葡萄酒的糖浆、糖，以及小粒无核的葡萄，以及佐料等材料注入，搅拌后，用汤匙舀出来浇在鸡上（黑尼施，1992年）。

类似这种往里塞入大量佐料，再浇上很多肉汁的烹调菜，都盛在一个大容器里，然后被端上餐桌。在法国，人们把这种上菜方式称为“混杂服务”，也就是“混杂上菜法”。这种盛菜方式，到了17世纪，仍然存在。这从布瓦洛的《讽刺诗》中，就可找到答案。

带着摇摇摆摆的六只小鸡的野兔

它身上坐着三只家兔

自小在巴黎被抚养

残留着吃包菜的味道

堆积如山的肉的周围

围绕着挤满了云雀的长带

大碗边上排列着六只鸽子

另加上烤焦了的骨架

在这个大盘的旁边有两盘沙拉

一盘是发黄的马齿苋，一盘是蔫了的蔬菜

沙拉里的油味从远处就能嗅到

漂浮在玫瑰醋的海洋上

不只是餐桌上挤满了体积巨大的烤杂排。在王侯贵族的宴会上，如前面的几个图所示的那样，东道主暂且不说，被邀的客人如同料理一样，被安排挤坐在长椅上，处于一种“杂居”的状态。之所以称“宴会”为“Banquet”，与银行一样，都是以意大利语“banco”为语源的。

如果在宫廷里，按照由于勋位等级以及身份的秩序尚存在，所以还说得过去。若是在乡下，比如说，德国乡村的客栈等场所（根据伊拉斯莫斯的《对话集》(1523)），不论是贵族、富人，还是他们的奴仆，男女老少都毫无秩序地坐在椅子上，吃喝、弹唱，一直纵欲狂欢到深夜。之后，更令人出乎意料的是，大家都赤裸起来，即便跟不认识的人，也毫不在乎地睡到一张大床上。可是，说不定这些人中就有患上"法国病"（性病）的。

猥亵而混乱的状况，并不局限于餐桌的周围。在中世纪的宴会上，滑稽演员、杂技演员、魔术演员等一个接一个地出场，做各种余兴表演，如即兴的戏剧、讽刺剧以及哑剧的表演等，以取悦客人。这是惯用的伎俩。有个很有名的故事：萨洛米[1]在她父亲希律王的宴会上表演了奇技舞，作为奖赏，她想要施洗约翰[2]的头颅。可见宴会上的表演不单纯是给人带来视觉上的快乐。因为有乐师伴奏，作为进餐开始和结束的信号，都有嘹亮的吹奏声响起。在进餐的过程中，有轻快的曲调，以及优美的合唱，这增加了人们的食欲，有利于消化。在13世纪，英国的方济各会的修士巴塞洛米厄斯·安格里卡斯[3]说："尊贵的人们不习惯在没有竖琴以及其他乐器演奏的时候进餐。"总而言之，从古代到近世，西方人的饮食方式，从烹调方法、盛菜方法，到进餐方法、坐法，到处混杂一片，敲锣打鼓乱吵乱闹，整个房间简直就是杂乱无章、狂欢乱舞的场所。

以血缘和地缘为纽带的亲密的人际关系也强烈地反映到饮食文化上。不必说，只要是封建社会，统治·从属的（身份）等级制就必然

1. 萨洛米 (salome)，希律王之女。——译者注
2. 施洗约翰 (John the Baptist)：因他宣讲悔改的洗礼，而且在约旦河为众人施洗，也为耶稣施洗，故得此别名。——译者注
3. 巴塞洛米厄斯·安格里卡斯 (Bartholomaeus Anglicus)。——译者注

图4-5　中世纪德国的旅馆（阿部谨也，1982年提供）

存在。马克·布洛赫[1]也曾指出，“同吃一锅饭”的连带关系仍然占据上风。穆尚布莱[2]在《近代人的诞生》（1997）中指出：“传统的人际关系是建立在浓密的社交关系以及与他人之间紧密的杂居状态的基础之上的”，对此他做了如下说明：

如父母、孩子，甚至仆人都睡在一张大床上，是常见的一种风俗习惯。在村里的广场上或是在居酒屋里一起跳舞的人们，在封闭的场所里，身体处于一种混居的状态之中（到了路易十四时代以后，房间按不同用途进行划分，工商业者（町人）十分喜爱这种方式，但当时还没实行）。确实，由于距离过近，所以人们尽量地回避危险的接触。可是即便如此，一有机会，人们就被唆使去接近（对方的）身体。也许正是因为处在这种状况之下，人们对那些强烈的气味以及排泄物并没有表现出过于明显的厌恶。路易十四在位期间，甚至实施过“礼仪”上的诸多规定，很多人甚至被允许面会国王。这也是完全相同的道理。可是，亨利三世似乎讨厌这种方式……

亨利三世之所以厌恶当时的风俗，或许他预感到了自己会遭到曾

1. 马克·布洛赫（Marc Bloch），法国历史学家。——译者注
2. 穆尚布莱（Muchembled），巴黎第十三大学教授。——译者注

坐在坐便器上接见过的雅克・克列孟[1]的暗杀。

从共性走向个性

随着近代市民社会的成立，西方的饮食文化也发生了巨大的变化，发生了所谓的“美食革命”。可以说，从封建社会向近代社会的转型过程，也是饮食从共同性走向个体性的过程。

具体看，到那时为止，几个人混杂地挤坐在一起用餐的长椅子，已经被分为每个人都坐在自己的单人椅子上吃。餐桌上放置的几个人共用的餐刀和汤匙变为每人一份的个人餐具。与此同时，叉子等各用途的食具种类也逐渐增多起来。从服务方式看，也从一次性的时空同时进行的方式——盛到大碗里端上餐桌，然后人们再各自从中取出来后进餐，转变为今天这样的进餐方式——盛在每人一份的盘子里，并按先后顺序端上餐桌。

烹调方法也逐渐发生了变化。曾经端上餐桌的把所有的食材掺和在一起，大量的且味道浓重的菜肴，已改变为保留食材原味、色味清淡的菜肴，并各自独立地走上了餐桌。在法国，烹调方法从老式向新式的转变，大约发生在16世纪至17世纪之间。先前介绍的布瓦洛的讽刺诗，实际上也是从新感性角度揶揄了老式的传统菜肴。

几乎在同一时期，尼可拉斯・德・博纳丰[2]的《田园的乐趣》(1654)里，明确地指出了美食革命的宗旨：

> 健康的肉汁，必须是中产阶级食用的浓汤，即多加入些经过精选出来的优质肉，最后炖到只剩一点儿汤。不放肉馅、蘑菇、作料以及其他的食材。既然起名为“健康”，就必须是简简单单的料理。白菜汤就应该有圆白菜的味道，韭葱汤就应该有韭葱的香味，芜菁汤就要

1. 雅克・克列孟 (Jacques Clément)，道明会的修士。——译者注
2. 尼可拉斯・德・博纳丰 (Nicolas De Bonnefond)，法国美食家。——译者注

有芜菁的原味。浓厚的肉汤就不要再掺入肉馅以及为增加黏稠而添加的勾芡面粉等一些添加物。

“圆白菜要有圆白菜味，韭葱要有韭葱味，芜菁要有芜菁的味。”也就是说，保留各种食材原味的浓汤取代了从前那种把各种食材和大量的佐料以及香辣调味料都放在一起，无论什么都炖成黏糊糊的大杂烩的做法。这种变化，同从过去的那种无论什么都浑然融合到一起的“共同体”中，提取出具有独立个性的最小单位——“个体”的状况完全相同。

基于同样的“分析性理性”的“要素还原主义”精神，弥漫了这个时代。英国的物理学家罗伯特·波义耳[1]，在他的名著《怀疑派化学家》(1661年)中指出:“所有的复合物，如果进行分解，最终都会被分解到不能再分的单质。”并进一步阐释说：所谓的“最基本的单质”是指“元素”或者“原素”。他开拓了走向近代化学的道路。(这是)在哲学领域，在处于枷桑狄[2]宣传的“唯物主义原子论”思想，莱布尼茨[3]主张“唯心主义单子理论”的时代。社会是由不能再分割的最小单位——作为“实体”的“个人”所构成的，那么食物也必然要适应这种变化，必须是个性化了的最基本的“单质”。

引进俄式服务

最能体现近代饮食文化革命的是服务方式的转变，即从(原来的)空间上的同时进行转向按先后顺序进行服务。今天，正宗的西方料理，是从餐前的开胃小吃开始的，按一定的顺序、一定的时间间隔，一道道地上菜。在每个人的面前，都摆放着每个人固定使用的个人餐

1. 罗伯特·波义耳 (Robert Boyle)，英国化学家。——译者注
2. 枷桑狄 (Pierre Gassendi)，法国科学家。——译者注
3. 莱布尼茨 (Leibniz)，德国哲学家、数学家。——译者注

具。这种服务方式，一般被称为“法式服务”，它是在1810年代以后在欧洲兴起的，因此说并不是十分久远的事。并且最初还被称为“俄式服务”。之所以被称为“俄式”是因为由俄罗斯的驻法大使亚历山大·鲍里索维奇·库拉金公爵[1]，在巴黎（地区）的克里西市举办的晚餐会上，首次披露了这种服务方式。

这种按先后顺序上菜的方式，何时在俄国被采用，并不十分清楚。但是，在伪沙皇迪米特里一世（在位期间1605—1606年）举办的正式宴会上，奥格斯堡出生的拜尔受到邀请，他关于宴会的记载幸好尚存。

> 在餐桌上，既没有汤勺，也没有盘子。最先端上来的是伏特加和香味可口的白面包。接着是各种各样的料理，其中大部分是用切细后的肉烹饪的，烹调的味道不佳。在这些料理中，有一种大馅饼，其中塞了很多小鱼。这些料理并不是一次都端上来，而是一道道地上菜。种类很多，但所有的烹调菜，都没有味道。原因之一，是用油过多。之二是莫斯科人用蜂蜜来代替白糖。此外，还有很多饮料。

从上面的引用中可以看出：17世纪初，俄罗斯的上菜方式已不像从前那样，事先把料理装到大盘里，然后全都端上来，把餐桌摆得满满的，而是等客人入座后，一道道地上菜。虽然这么说，但是如果根据其他资料的记载，当时的上菜方式（服务方式），似乎并不是把菜盛到各自的盘中，而是把几人份的菜盛到一个中号盘子里，然后端上餐桌的。不过，按照时间的先后顺序端上餐桌这一点似乎是准确的。或许可以说，这是一种处于“共食”与“个食”之间的“中间模式。”值得思考的是，这种方式为什么最早会出现在俄罗斯？关于这一点，笔者曾向石毛直道先生请教过。他说：俄式料理是从冷盘、小吃开始的，他们饮食方式的变化应该与这种上菜方式有关。可是，笔者认为还有一点，那

---

1. 亚历山大·鲍里索维奇·库拉金公爵（Alexandr Borisovich Kurakin），沙皇俄国的政治家、外交官。——译者注

就是俄罗斯毕竟是寒冷的国度，所以即便是热菜，如果摆放到餐桌上也会马上变凉，应该是为解决这个难题而选择了那种方式。不管怎么说，那里的气候是需要烧壁炉和常备茶炊的。

俄式服务没过多久就席卷了西方。其原因在于，这种方式不仅避免了引发餐桌上的餐刀战的危险，摆脱了由于从前的那种因为从大盘子里争夺食物的“战争”失败而吃不到自己想吃的，从而陷入那种垂涎欲滴地“看着别人吃”所产生的失意感。还有，这种方式也可以做到用自己的盘子慢慢吃，热的食物热着吃，凉的食物凉着吃。可是，这种俄式服务究竟是以怎样的速度迅速传播到欧洲各地的呢？在1810—1811年间，到英国旅行的法国人路易·西蒙写道：自己遇到了“菜肴一道道地端上来”的午餐，从这个记载中也就可以得到答案。不过，那些崇拜英国的人中，似乎也有人主张伦敦是这种服务方式的发祥地。

最初，套餐所包含的菜肴种类，并非像今天这样是明确规定好的。即便是被邀请参加正式的晚宴，由于没有菜单，人们也不知道料理是只有第一批上来的这些，还是有第二批，甚至更多。也因此，很多人从开始就拼命吃而被冠上“饭桶”坏了名声，而那些考虑还会有很多料理上来，从开始就节制饮食，而导致自身的“欲求不满”的客人，也枉费了主人以及厨师的心意。这些是人们，特别是女性们常常感到纠结、困惑的问题。因此，直至19世纪中叶，旧式的法式与俄式的混合形式也十分流行，后来开始把菜单卡片事先发给客人了。

可是，这种俄式服务（新法式）在西方迅速流行起来，不只是因为它所具有功利意义上的方便性。其实，人与人、人与自然之间的关系所发生的巨大变化，才是主因。从前的宴会，已经提及多次。客人挤坐在长椅上，在这种杂居的状态下，胳膊、胳膊肘不断地相互碰撞，大家使用共用餐具进餐，从同一个陶器里舀汤喝。对于这种与他人的直

图4-6　上：旧式法式服务，中：混合式服务，下：俄式服务/1862年的目录

接接触，人们并不被认为是不洁净的，相反会从中感受到共同体所带来的亲密。然而现在，"个人"已从"共同体"中分离出来，同时自我意识日益高涨，私人空间确立，并逐渐膨胀起来，因此容许他人靠近的最短距离也在扩大，人与人之间变得需要距离。

研究"空间关系学"的先驱、美国的文化人类学家爱德华·霍尔[1]指出：私人空间"多大程度被他人靠近时"会感到被触犯的距离的大小，在不同文化里，有不同的认识。一般来说，感觉受到威胁的距离，是建立在"近代自我"确立的基础之上的"私人空间"大小的标志。随着从共有向私有的转变，当人们发现属于自己固有的特性与别人的特性混在一起时，就会觉得不合适、不洁净。如"在粪尿和尘埃掺杂在一起的巴黎街道上，雨天里弄得满是泥泞，就会被认为是不干净、不卫生"的一样，把什么都一起放进锅，混在一起煮出来的汤，也是不洁净、不卫生的。所以说，中产阶级的"健康浓汤"，必须是韭葱得有韭葱的原味的那种汤。所谓"清洁"，是指通过"分析"确立的被还原为不可分割的原子实体的空间领域。那么这种经济以及社会意识上的根本变化是怎样反映到饮食文化上的呢？关于这一点，段义孚进行了巧妙的总结，如下文：

> 文艺复兴之后的饮食历史，概括地讲，是简化与分割的历史。也就是把那些味道无法调和的食物分离开，排除（那些）不符合"高雅餐桌"观念的行为。餐桌礼仪逐渐发展，出现了"分割"的观念。人们开始认识到，那种被满满地盛在碗里，裹着肉汁的食物是不雅的，肉和蔬菜的原味愈发受到珍视。于是，"分割"在所有方面都有所进展。比如说，在宴会场上，音乐家被留下了，但是演员和魔术师则退场了。客人们已不再是挤坐在一条长凳上，而是都坐在不同的椅子

1. 爱德华·霍尔（Edward T. Hall），美国人类学家。——译者注

上。菜肴的种类以及数量变少，但是切分割食物时所用的工具种类却变得非常多。人与物的周围不断地被画上界线，如果无意中侵犯了这些界限，对客人来说，就是一种耻辱。

不只是人与人之间，人与物之间也被画上了界限，“界限所带来”的“分离”与“隔阂”，也体现在人们的感性变化上。人们认为：“如果用手直接触摸那些因油脂而发黏的(食物)或者添加了调味汁、糖汁的(食物)，那就太没素质了”。那样，人们就开始厌恶自然(食物)与人(手指)的直接接触，厌恶“污染”，并想尽可能地拉开人与自然之间的(距离)。为达到此目的，作为媒介，人们设计出各式各样的三件组合。西洋的近代食具，与日本的筷子相反，是割断人与自然的手段，它割断了人与自然之间的联系，而又是使人与自然之间发生某种关系的媒介，因此说，它是不得不导入的人与自然之间的人工绝缘体。

文化程度跟它与自然之间的距离成正比。而人性与动物性成反比，于是在这种近代西方独特的意识形态的作用下，餐桌上的银制餐具光芒四射。

共用与个用

如果在“己”与“他”之间画上清晰的界线，就能表示“个性”确立的话，那么，自然就会产生疑问：个人主义是否很早就开始在日本发展？这个疑问的产生是因为，日本自弥生时代开始，人们使用的食器就是个人专用的。在因火灾而被烧毁的西日本的“坑坑宅”遗迹中，发现了多个形状、大小都基本相同的钵和高杯等食器。这似乎可以说明，从公元二三世纪左右人们已经开始使用自己专用的食具了。

再有，从进入奈良时代之后的平城宫的遗迹中，出土了“惊人的墨书陶瓷器”。在陶瓷器的底部和侧面都用墨书写着“醴太郎”，“炊女

取不得，若取者笞五十”[1]的字样。根据《和名抄》，“醴”字，读作“古佐介（こさけ）”，是“甜酒，一夜酿造出来的酒”的意思（见图4-7）。此外，还发现了几件用墨书写着“器をよく見分けて他人が使うな”[2]等文字的陶瓷器。

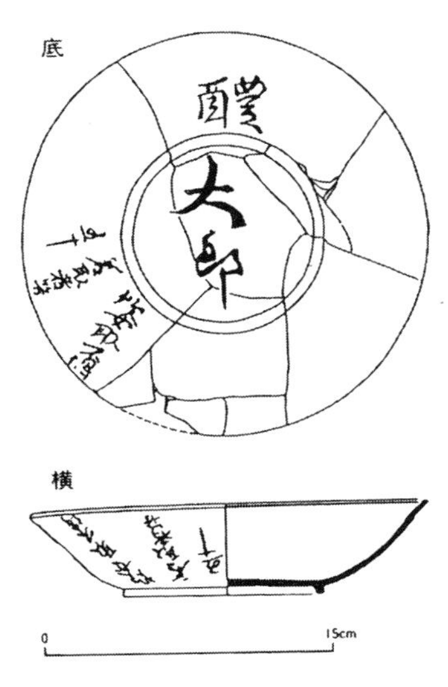

图4-7 “醴太郎”的墨书陶瓷器/奈文研1976年，内里北方官衙井SE715出土（佐原真，1996年提供）

这还只是食器，因为这个时期的人们仍是“手食”，所以，还不是供人们专用的食具。但是到了平安时代，如前所述，“大飨料理”[3]兴起时，人们已经开始像中国人那样坐在椅子上，在一个大餐桌上进餐。人们开始使用自己的盘子、筷子等，素陶器以及原木筷好像用过一次就扔。室町时代的大膳料理[4]也同样，也有分桌吃、分盘吃的规矩，每个人只能吃自己的食案上的菜肴，往别人的食案或者盘子里插自己的筷子等同越境行为，是被严厉禁止的。

如是，在日本，仅就餐具而言，难道早在奈良时代，人们就有了强烈的自我意识，个人主义思潮十分盛行？当然，那是绝无可能的。因为，近代的“个性”概念，是在明治维新之后引进的，即便进入现代，与西方相比，日本的“个”的确立，也是十分脆弱的。

那么，这个矛盾是如何产生的？在揭开这一矛盾产生的谜底前，

1. 炊女取不得，若取者笞五十：自己专用的餐具他人不得使用的意思。——译者注
2. 器をよく見分けて他人が使うな：意思是“仔细辨别器皿，别人不许用”。——译者注
3. 大飨料理：平安时代贵族宴会上的料理。——译者注
4. 大膳料理：大型食案料理。——译者注

根据佐原真的精准的概念界定，在这里先梳理一下不同的餐具的使用方法。首先，大家共同使用的餐具称为“共用餐具”。其次，只在进餐期间，归自己所有，餐后洗净、收起来，下次不知谁用的称为“各自的餐具”。最后一种，自己专用的餐具称为“专属个人的餐具”。如果根据这种分类法，西方的三件组合，属于“各自餐具”，而日本的筷子，除方便筷外，现在应该都属于“专属个人的餐具”。

现在回到先前的难题上，实际上揭开这个矛盾的谜底是非常困难的事，因为并没有明确的答案。但是，这个难题可以从肉食与素食的对立中找到一种解释。在狩猎采集社会里，男性打来的猎物，必须平等地分给共同体的每位成员。但是，女性采集来的植物性食物，基本上是留给自家用的。根据列维–斯特劳斯[1]的观点，“肉”是朝向外面世界的离心式的“外向料理（exo-cuisine）”，而“蔬菜”是朝着内部的向心式的“对内料理（endo-cuisine）”。为此，在以社交性很强的肉类为主的西方，将肉“切开”、“分份”的这种赠予分配的进餐方式得以发展，“各自餐具”这一潜在的共同性依然留存下来。相对的，在以菜食为主的日本，社交性不高，所以自我消费型的对内进餐方式很早就开始发展，可以认为，自己专用的个人器具是从这里衍生出来的。在此基础上，进入封建时代后，又叠加上封建“家长制”，形成了日本特有的“箱膳体系”。

喜多川守贞指出“在京都和大阪，市民平时用自己的专用食具”，他们把盖子反过来，就是将带边框的四方托盘反过来（把饭菜取出放在托盘上，如果把托盘放在箱上就成了小桌），在小桌上吃完后，往自己专属的器具——碗或者盘子里，注入茶水，刷筷子，然后把（洗完碗筷的）茶水全部喝净，再用抹布擦干后放入箱中。实际上，每月认真地

1. 列维–斯特劳斯 (Lévi-Strauss)，法国著名的社会人类学家、哲学家。——译者注

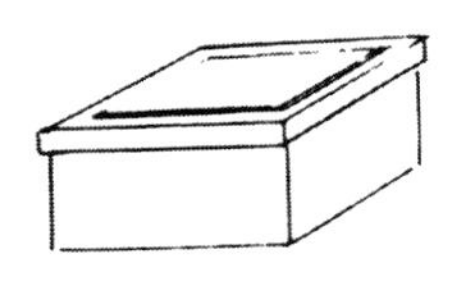

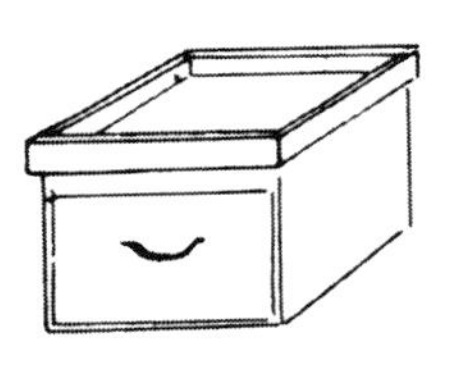

图4-8 “箱膳”(选自《守贞谩稿》)

刷筷子也就几次,但是因为完全采用“属人主义”原则,所以,并不觉得不洁净。笔者在禅林就有过这样的经历。

江户时期,称这种膳为“奴仆膳”。之所以这样称呼,是因为,称呼武士的仆役长以及其他仆人为“奴仆”,也因他们使用而得此名。“箱膳”清楚地表现出了“菜食”的非社交性、自我封闭性(见图4-8)。

虽这么说,但并不是所有的以“菜食”为主的国民都使用个人专用的器具。比如说中国(从日本看,中国人常食肉,而在西方,基本是将中国列入素食圈内),筷子、碗盘都属于“各自的用具”。在印度以及其他的素食区域,虽因用手抓食而不使用食具,但平日里使用的是“共同餐具”,而在特殊的日子里,使用“各自的餐具”,或是相反,情况不一。而日本,之所以食器·食具的“属人性”发展得早,应该是因为相互对立的两个范畴、A与非A的区别特别模糊的缘故。

比如说,在西方第一人称、第二人称的人称代名词是明确区分开的,而日语中“われ、おのれ”、“手前”等这些代名词,既可以指自己也可以指对方,是被混用的。西方人洗澡时,澡盆里的水,即便是自己的家人,每次也都要更换。而日本则是大家共用的。还有,西方的近代家居,每个人都有自己的房间、客厅、起居室、餐厅以及厨房等按照用途进行划分,而日本的茶室,有时作为起居室,有时作为食堂,有时作为客厅或卧室等被灵活地使用。

再回到食具这个话题。刚才我们讲到了日本的筷子是手的延伸,寄宿着所有者的灵魂,它是连接自然(A)与人(非A)的具有神奇力量的“良导体”。相反,西方的三件组合,既是A与非A的媒介,同时又是切断两者的绝缘体,它仅是手的辅助手段,是从人格那里被割开的无机的客体工具。如果借用马克思·韦伯的“奇幻思维与逻辑思维”概念的话，日本人认为，日本人无论怎样洗刷，附在筷子上的使用人的“人性灵魂”是洗刷不掉的，而西方人则认为，只要洗得干净，附在三件组合上的细菌以及污染物，就能全部去除干净。从外观上看，范畴的混乱与不洁净属于同一现象，但实际上，潜藏在现象背后的，是人与物之间的关系，两者之间存在着根本的对立。

三件组合在使用时，基本没有禁忌。其原因大概也就在于此。当然，西方也曾有过类似日本的“越膳”[1]等被禁止的行为，可是那只不过是从礼节、礼仪的角度去禁止的，并不是原来的严格意义上的禁忌。比如说，如果违禁，就会遭到超自然力的惩罚等。

刀叉是用来握着切或是用来扎东西的，所以，在西方，对握筷子或者用筷子扎取食物等行为，并没有禁忌。依我的浅见，只有刀叉完全呈十字交叉，才被认为会招来不幸或不吉利，这在英国被禁止到18世纪左右。这或许是因为，如果用本属于杀伤性武器类的两种食具来模仿十字的话，就会使其魔力倍增，还有，叉的原型是Y字形的，十字架又是在基督教之前就被西方人视为供神之树，这又让人联想起基督被钉死在十字架上的情景。

总之，随着理性、科学思维的发展，在近代西方，像日本人那样对食具的盲目崇拜已成旧事。那么，最后，我们再对潜藏在日欧食具背后的文化宇宙学的差异进行考察。

文化宇宙观的差异

日本特有的食具——筷子，与自然的关系密切，存在于自然与文

1. 越膳：隔着主菜，去夹其他的菜，或是用筷子乱扒弄菜。——译者注

化之间，具有暧昧、模糊的万能性。相反，西方的食具——三件组合，与自然之间的“敌对性”强，每件食具都按不同的用途进行了分化，具有单能性。如果说筷子是连接人与自然的良导体，那么三件组合就是隔离人与自然的绝缘体。日欧之间的这种食具的对立性到底是怎样发生的呢？

西方的宇宙观

基督教的意识形态

西方文化的形成基础，归根结底是基督教的自然观，这应是大家一致的看法。众所周知，在《旧约·创世纪》的开篇中写道：上帝照着自己的形象造人，使他们管理所有的动植物，并将其作为他们的食物。

上帝说：“我将遍地上的一切结种子的菜蔬，和一切树上所有结有核的果子，全赐给你们。这会成为你们的食物。”（第1章29节）凡地上的走兽，空中的飞鸟，地上爬行的一切（物种），海里所有的鱼，都必惊恐、惧怕你们，服从你们的管理，凡活着的动物，都可以作你们的食物。这一切我都赐给你们，如同菜蔬一样。（第9章2~3节）

只有人类才被造成与上帝相似的形态，因此人类对自然具有绝对的支配权，所有的动植物都不过是作为人类的食物而存在的。人与自然的分离与对立、人类绝对优越于动植物的根据就在这里。根据神谕，在中世纪，经院神学把自然分为有生物和无生物两大项，并把生物严格地区分为成长的灵魂（植物）、感应灵魂（动物）以及思想灵魂（人类）。只有人类才具有思想，因此，人类君临于其他一切生物之上。

当然，这种人类中心主义的意识形态，是继承了古希腊的传统发展而来的，但是，亚里士多德却认为：范畴之间的界限是模糊的，它们之间存在相对运动。他在《动物志》中是这样阐述的：“动物对于人，人对于许多动物仅在一定程度上存在差异”。“如此一来，自然界从无生物到动物，循序渐进地发生变迁，因此而产生的连续性，致使两者之间的界限变得模糊，两者中间的事物，到底属于哪方也就不得而知。”

然而，以托马斯·阿奎那为代表的基督教神学，却持有不同观点。这是因为基督教神学是站在严格主义的立场上，不承认范畴之间的相互移动、界限模糊的观点。如作为永恒存在的“上帝”与终有一死的“凡人”之间，存在着无限的距离一样，生物之间的各个阶层也存在着无法逾越的断层。不过，上帝的属灵本质——理性，分给人类，只有人死后才能灵魂不灭地进入灵界，而动植物死后，其“身体”与“灵魂”将一并消失，化为乌有。这种以上帝为至高存在的金字塔式的秩序中，人作为全能神的代理人，得到了神的恩赐，对所有被造物拥有无限的控制权和使用权。

哲学依据

再有，进入近世以后，根据近代哲学的创始人勒奈·笛卡尔[1]的观点，人类中心主义是在神学的基础上叠加了哲学的依据而建立起来的。他把世界两分为“思考世界的存在”与“仅具有外延性的物的存在”，并把动物分类到没有灵魂的自动机械中去了。如果他的观点成立，那么，一条狗挨鞭子时的大声嚎叫，就变得如同敲钟时发出的钟声，而不属于任何疼痛的表现。动物机械论与其说是对动物的残酷，不如说是对人类示好。比如说，提出了“食肉不为罪”的观点。笛卡尔的观点是“不管人类怎样杀害动物去食用，一点儿都不会被问罪”。如基思·托马斯[2]所指出的那样，“他完全割断了人类与人类以外的自然界（之间的联系），为人类不受任何限制地行使权力开辟了道路”。

从神学家和哲学家那里得到了确凿的证据：从17世纪到18世纪，在西方，极端的“人类中心主义”思想盛行。它强调人类才是世界

1. 勒奈·笛卡尔 (René Descartes)。——译者注
2. 基思·托马斯 (Keith Vivian Thomas)。——译者注

的中心，世界是为人类而存在，征服自然才是人类的使命。托马斯的另一部著作《人类与自然界》里详尽地调查了英国当时的自然观。接下来，将引用其中的片段：

> 因此，人类对自然界的统治权实际已到了无限制的地步。1620年，约翰·戴[1]说："为了自己的利益和快乐"，人类可以随心所欲地行使权威。植物因为没有感觉，因此也不可能感受到疼痛，显然这些植物在人类社会中没有任何权力，动物也同样。兰斯洛特·安德鲁斯[2]说："它们缺乏理性，因此它们完全没有权利成为我们（人类）社会中的一员。"上帝将大地赐给了人类，而不是给了羊或鹿，所以，动物根本不可能拥有土地。与人不同，野兽从上帝那里没有得到对自身所食用的被造物的控制权，它们甚至不拥有自己的生命。塞缪尔·戈特[3]还强调说："动物对任何事物都不拥有权力，甚至包括对它们自己。"霍普金斯[4]主教宣称："无论食用，还是药用，只要需要，我们就可以随时杀死动物。"

于是，在饮食文化上，明确人类与其他生物之间存在的不可逾越的界限，进而控制自然，把自然非自然化的任务，也必然要落到人类的肩上。因为草食动物吃生草，肉食动物吃生肉，为了区别于动物，人类只好通过煮或者烧烤食物之后再吃。这种做法不只是放在火上简单地烹调，而是要彻底地改变食物的自然属性，将其改制成自然界中不存在的人工食品。并且，还不像中世纪那样把（各种材料）掺合起来，而是要立足于笛卡尔所提出的"将复杂的命题逐步简单化"的哲学思想，按分类服务的方式为人类提供近代料理。此外，由于"口食"、"手

---

1. 约翰·戴 (Jone Day)，英国剧作家。——译者注
2. 兰斯洛特·安德鲁斯 (Lancelot Andrews)，英国教士。——译者注
3. 塞缪尔·戈特 (Samuel Gott)。——译者注
4. 霍普金斯 (Hopkins)。——译者注

食”属于动物行为，因此，就必须尽可能地借助按不同用途规定好的多种食具这一媒介，来扩大人与动物之间的距离，明确与自然决裂、与自然断绝的关系。

至此，详尽叙述的西方的烹调方法、饮食方法、礼法以及服务方法等，其方式及其变化的背后，实际上潜藏着“以严格区分人类与自然的‘两分法’或是‘两元对立’的思维模式为基础的文化宇宙观”。还有，为掩饰每天都无法避开的矛盾——食欲（动物本性），在西方，那些既是人与自然的媒介，又是切断了人与自然的联系的“刀叉勺”三件组合，到了近代被采用了。将“自然”作为“原材料”制作加工，使其成为“反自然”的西方食具，不得不说，它的确象征着人类所持有的矛盾——本来就是动物，而又尽可能假装自己不是动物，最终从动物的特征中无法摆脱。

日本的宇宙观

泛灵论

相对于西洋，日本的宇宙观又具有怎样的特征呢？首先，如众所知，万物有灵的宇宙观在日本人的心里已根深蒂固。

最早开始使用“泛灵论”这一术语的，是英国的人类学家泰勒（Sir Edward Burnett Tylor）。如同幼儿混淆梦幻与现实一样，尚不能分辨生物与非生物的原始人，从幻觉、神志昏迷等体验中，相信存在着可以自由游离的灵，也就是相信灵魂的存在，并且以此类推地认为，这种内在的灵魂，作为生命原理，在万物中都存在，并控制着万物。这种神秘的自然力量或者说超自然力在万物中普遍存在，无论是生物还是非生物。泰勒把这种宇宙观，作为最初宗教形态，统称为“泛灵论”。

在古代日本，也存在着被神化了的自然力的精灵，神秘而又令人恐怖。其猖獗之事，广为人知。比如说，《日本书纪》中写道：在苇原中国[1]，“多有萤火光神及蝇声邪神，复有草木咸能言语。”与此相似的叙述在《古事纪》以及《出云国造神贺词》中也能看到。比如，在国土之中，不只是人和动物，草木、岩石也相互交谈，晚上如同鬼火般的可疑的火在燃烧，到了中午如成群结队的昆虫的振翅声，到处都是嘈杂的声音。

其实认为万物有灵的观念，还不只出现在古代。直到最近，人们都还相信，山上有山神，土地有土地神，河里有河神，厨房里有灶王神，厕所里有厕所神，还有水稻上有稻魂，树木中有树魂，梦幻里有睡魂（寝魂），五谷中有谷物魂等。在森罗万象中，长久以来，有八百万神灵寄宿。在科学已经如此发达的现代，不也是在超近代的大楼的动工仪式或竣工仪式上要举行祭神仪式，并在屋顶上设立祭拜的祠堂吗？

“泛灵论”的观念，在世界各地广泛流传。如，美拉尼西亚的“玛纳”，波利尼西亚的“礼物之灵”、马达加斯加的“Hasina”、傣族的“当披”，缅甸族的守护神“奈特”、高棉族的“Kamoi”等。美国西北海岸的海达族人，把隆重进餐（庆祝或祷告时的特殊食物）时使用的汤勺，视为被赋予了生命的，能无尽地创造出神灵，赐给先祖食物的圣物，而倍觉珍惜。

在西方，也曾存在类似的观点。比如说，在弗雷泽的《金枝》、伊利亚德[2]、根内普[3]的民族志研究中都有详细记载，但是这种观点却被基督教视为邪教，被近代科学理性思想视为奇幻思维而被驱逐、压制。

然而，“泛灵论”并非是被近代合理主义侵蚀的人们所思考的低级、幼稚的、不合理的、前逻辑思维式的“未开化的原始人类”的思维

1. 苇原中国：指日本国土。——译者注
2. 伊利亚德 (Mircea Eliade)，西方著名宗教史家。——译者注
3. 根内普 (Gennep)，法国人类学家。——译者注

方式。列维-斯特劳斯在《野性的思维》中说道:“巫术思维本身集中了各种要素构成了一个完善的系统,它与科学系统之间是相互独立的。”因此,“不能把巫术与科学对立起来,而应该把两者当成获取知识的两种思维方式而平行并设”。不对,不能仅是平行并设,最好看作是相互补充的两种认知方式。

在近代科学思维里,自然仅是指“物”,它不过是作为思维主体的人类所控制、利用、开发、破坏的物理对象,是客观的手段而已。相对于此,神话思维不按两分法把人与自然对立起来,它认为人类也存在于自然之中,在母亲(自然)的怀抱里,与外界交流,在与世界共感共生的整体关联中生存。

日本人对筷子有特殊情感,他们相信:“用过的筷子上留有使用人的灵魂,从筷子上,自然界里的神灵会侵入附体。”这种观念,缘于泛灵论的思维,未必能说这是迷信或是民间信仰。

东方思想

日本独特的宇宙观是建立在神道泛灵论的基础上,并融合了外来的佛教以及其他的东方思想而形成的。这一点已被众人所知,不必赘述。这些东方宇宙观所强调的,不是把人与自然分割开,而是将两者一体化,这极易被泛灵论者所接受。

比如说,在《圆觉经》中写道:“一切世界,始终生灭,前后有无,聚散起止,念念相续,循环往复,种种取舍,皆为轮回。”它宣传“宇宙万象,虽然各有各自的事相与色相,存在无限差别”。但是,在理性上,则宣传“真如实相,天地同根,万物一体”的思想。

此外,在被认为是进入天平时代之后的《华严经》中说:宇宙万象,由各不相同的个体组成,其“存在”,都有差别。看上去是自我同一的自立实体,实际上,是缘于分别意识所产生的分节作用而显像的。真实是空,不过是“三界虚妄,皆是一心作”而已。认为实际存在的一切，实际上不过是摩耶夫人的面纱，在其后皆为无差别、无区分的，换句话说，仅有混沌的没有分界的世界。正因完全是“空”，因此，具有可以成为任何“存在”的“自主性”，并且作为“存在”而显像的“个体”只有在整体的关联性中，才被区别，才具有“自主性”。可以说，宇宙万象，不过是宇宙中存在的能量，转动着的无数方向线交织之处显像出来的整体关系中的节点，流动的卡俄斯，通过速度差以及温度差在各处编织的浓淡不一的花纹。正如人们所说，这可以比作“海水”与“波浪”。由于风，即“因缘生起”，海水变成波浪，呈现出千差万别、千变万化的姿态，但当风平静后，海便变得不过是“平等无别”、一望无际的作为物质的广阔水域。

儒教和道教里的“理”与“气”，也都是把“人”与“自然”一体化的宇宙观作为基本原理的。因为，不管如何解释，“理”与“气”的概念及其相互关系，两者都是贯穿了主观世界与客观世界的，万物生成的基本生命原理。

对中国思想，我完全是个外行，所以不想再继续晒出我的无知。如果通过以上的叙述，能粗略地勾勒出日本宇宙观的大体特征，能明确与西方宇宙观之间存在巨大差异，便已足矣。

如果说西方的意识形态是把世界不断地按照两项进行分割，提出最小单位的实体，并将它编入到以唯一上帝为顶点的、被分割了的层次结构中，并走向个体差别化的话，那么与此相反，日本的意识形态中的“个”指的是“他”（指的不是“人”，而是泛指“自然”）中的“个”，无论在时间上，还是在空间上，都是把与“他”的整体关联，编入到自我主体的存在结构之中，从而走向循环的、综合的同一化的方向。在这里，按不同用途进行分类的“个性食具”和暧昧模糊的“综合性筷子”所具有的万能性与彻底攻击、改变、征服自然的“人工料理”之间形成了对比。

颠倒的世界

“筷子”和“三件组合”在文化意义论上的对立，实际上，不过是在身边的生活文化中也能看到的诸多的类似现象之一。“食具”上存在的差异，绝不是个别现象，而是日欧文化宇宙观的根本对立所带来的普遍现象。为明确这一点，接下来再举几个事例，简单地进行对比。

自圣方济·沙勿略[1]之后，直至明治初期，到日本的欧洲人，无不对日欧文化的颠倒性而感到震惊，他们留下了许多记述。

比如说，活跃于幕府末期的英国的第一任驻日大使阿礼国[2]曾说：“日本从本质上是个僻论和不合规则的国家。这里所有的事，连司空见惯的事，都具有崭新的一面，莫名其妙地倒转过来。除了人不倒立，并用脚走路以外，几乎所有的事，都按照某种神秘的法则，被逆转的秩序所驱使着。”

在这些能体现日欧文化的“颠倒性”的事例中，常被举例的是日本和西方在写通信地址时存在的差异。西方先写教名(受洗时所取的名字)，接着是姓氏、门牌号、街名，最后写国籍。而日本则正相反，先写国籍，然后再写都道府县名，最后写姓名。也就是说，西方从作为“实体”的“个体”出发，向更大的空间范围扩展，而日本则从“整体”出发，然后会聚到作为部分的“个体”上。与食具一样，在这里可以看出思维倾向的差别，即把“存在”的基础是放在“综合整体性”上，还是放在“具体个性”上。可是，日本“个”的确立并不发达，若论不好的一面，常表现在：看重面子，自己的行为受制于他人看法的那种表面的步调统一。

“己”与“他”之间界限模糊，这在前面提到第一人称和第二人称的代名词混为一谈这点时，也略微触及了。其实，从名词的“单数与

---

1. 圣方济·沙勿略 (St. Francois Xavier)，最早来东方传教的耶稣会士。——译者注
2. 阿礼国 (Rutherford Alcock)。——译者注

复数”的表示上，也可以看到此类问题。比如说，日语没有复数形式，说筷子时，需要在筷子后加量词“膳”（双）。这表明日本人不是把“个体”作为“个体”，即按元素来具体把握的，而是把类似的“物体”作为没有分离的“块”来看待。这种思维倾向的产生，是因为日本人不是把“物”从“自己”的身边移开，作为客观的数量来把握，而是对“物”进行主观的感情投入，将其作为“质量”来看待的。如此一来，按用途进行分类、并成为手段的西方食具，在明治时期以前，是不可能在日本采用的。

不只是人与物之间的关系，人与动物之间的关系在日欧文化里，也体现出了显著的逆向特征。在日本和西方，都有关于人与动物通婚，也就是所谓的“异类婚姻谭”的民间传说。但是，在西方，人与动物之间存在着无法超越的隔绝，因此，人与动物通婚是被严厉禁止的。原本是“人”，但因遭到某种诅咒而变成了动物，如果“爱”不能打破咒语，就不能变回人的模样，那么，就不能生活在一起。“美女与野兽”就是最具代表性的传说。

与此相反，在日本，如先前的“大物主”[1]的故事一样，本来是“蛇”，却变成了“男儿身”，这种动物与人间的女子媾和的事例还有很多。在木下顺二的代表作《夕鹤》里出现的“鹤夫人”[2]，是个相反的例子。还不止如此，甚至还有结婚对象就是动物的故事，比如说，“哈利夫人”以及“猿女婿”等。所以说，日本的人与动物之间的屏障并没有西方那么高。同为生物的人与动物，存在着共同性，这与树枝（自

---

1. 大物主：指大物主大神，是日本神话中登场的神，大神神社祭祀的神祇。别名为三轮明神，具备蛇神、水神和雷神的神格。——译者注
2. 鹤夫人：日本木下顺二作于1949年。农民与平救了受伤的仙鹤。仙鹤变成美丽的女子阿通，和与平结为夫妻。为了报答与平，阿通用自己的羽毛织成珍贵的千羽锦。贪婪的商人挑唆与平逼迫阿通织更多的千羽锦，并且违反约定，偷看阿通纺织。于是阿通又变为仙鹤飞走了。——译者注

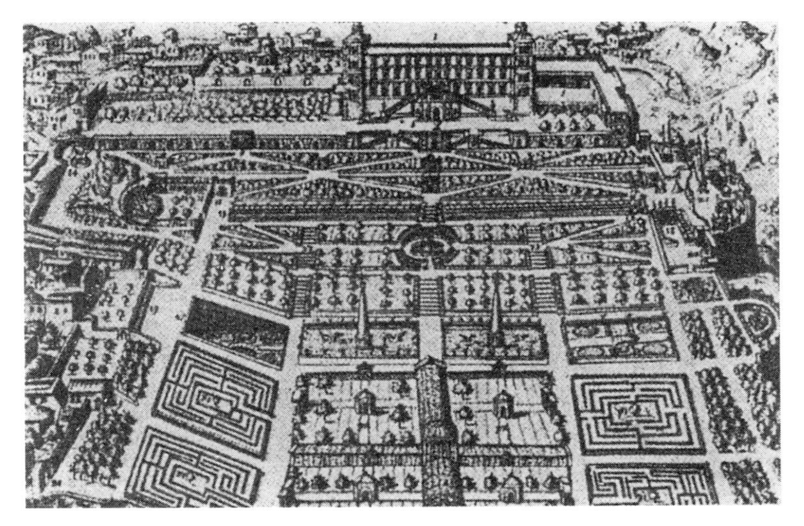

图4-9　伊斯特别墅的人工庭院/G・ラウロ的版画(山内昶,1994年提供)

然)能成为筷子(文化),并能再次回归到自然的思维形式在结构上是相同的。

此外,日欧对自然的态度,也明显地体现在庭园诗学上了。如众所知,凡尔赛宫以及罗马近郊的伊斯特别墅完全改造了自然,呈现出整齐匀称的空间景象(见图4-9)。对这种布局有这样的说法:当时,室内没有配备厕所,考虑到高贵的贵妇人解手时,能藏身于树后,才如此建造的。但是,造园设计并不是完全从实用主义出发的。它与破坏性烹调一样,是西方人要彻底改造、征服自然,自身要创造出另一世界的坚强意志作用的结果。相对于此,日本的庭园,如龙安寺的石庭,以及其他诸多的假山水名园那样,以"人为"的极致抹消了人造性,把整个宇宙象征性地再现到那里。盆景、箱庭也是如此。可以说,在这个问题上,与日本厨师相同的思考方式发挥了作用。即料理的理想境界就是不料理,料理的秘诀就是不让人看到料理曾被料理过。

日欧文化的对立性不仅体现在人与自然的关系上，也体现在性别的差异上。近代以来，一般来说，在西方，男性穿裤子，女性穿裙子的差别已经形成。并且，同一款西服上衣，男性是右撇在前，女性是左撇在前。可是在日本，无论男女都穿着同样裁法的和服，衣服领子都是右撇在前。再有，近世以后，在西方，异性之间的爱是正常自然的，同性恋则被视为异常的反自然的，并且人们对后者进行了残酷镇压。然而，日本从古代直至江户时期，男性同性恋都是公开的。日本人的性爱，如同男女穿着同款和服一样，异性爱与同性爱之间没有区别，是以不分性别的审美意识为特征的。如此一来，在理论上必然导致这样的结论：食具在西方也是按照男女性别进行严格区分的，属于“个人用具”，而在日本，如夫妻筷一样，食具是不分性别的“共用工具”。之所以会产生这样的反转，其理由在多处已经提及。在二元对立的范畴分类中，在十分清晰明了的社会里，作为连接二元的桥梁——食具，纵使不赋予它特别的文化意义，秩序也会被维持。相反，在范畴分类模糊暧昧的社会里，给边界上的“桥梁”赋予了特殊的文化内涵，是为了防止发生全面混乱。如果这样去思考，这个矛盾，似乎也就有了答案。因为同一性是以差异性为前提的，同时差异性又以同一性为基础。日本与西方之间正如格式塔心理学中的“图形与背景（底）”的关系一样，“正片”与“负片”正是在那里发生了反转。

此外，关于筷子的摆放方法，在这里也略微说几句。阿礼国曾强调说：“在西方，锯或刨子都是向对面拉，而日本却是朝着自己的方向拉。”这或许与以煮炖为主的对内的素食料理，和以烧烤为主的对外的肉食料理有关联。在西方，原本是杀戮武器的刀叉的尖，朝着对方摆放在餐桌上，这体现了与他人之间的那种积极的社交关系进行交锋的外向型态度。而在日本，则是将筷子横放，尽量回避与他人之间的发生攻击关系。箱膳很典型地反映了这一点。它是面向内部的，封闭的，体现了那种如章鱼笼般的内向型的态度。

如上所述，在日常生活中，人们不知不觉地使用的食具，与其他的文化现象一样，若无其事地显露出各自的文化本质。

模拟性思维和数字性思维

笔者接下来的观点可能会遭到反驳。日欧的文化宇宙观的对立性，体现在是否对“文化与自然、人与动物、男与女、自己与他人、内与外”等这些两项分割进行严谨的概念界定。日本自古就有中国的阴阳道传入，并构建了思维框架。笔者认为这种阴阳思想是以二元对立的范畴相克来解释宇宙的思维方式。的确，在《记・纪》[1]里的创世神话中，阴阳之差的出现，是世界的开端。创世神伊邪那歧和伊邪那美被认为是阴气与阳气交融后生成的一对阴阳神。然而，在中国阴阳八卦图中（见图4–10），阴中间有阳的眼睛，阳中间有阴的眼睛。当阴阳一方欲覆盖整体时，另一方的眼睛也变成同样大小，不断地恢复以保持平衡。阴与阳的对立关系，不同于西方的神灵与恶魔那样永无休止斗争下去的敌对关系。它们之间是一种互补的对立、相互消长、循环，和谐地建构宇宙秩序的关系。这种用《易经》的阴阳来对宇宙进行的符号学解释，令梦想着用纯粹的抽象语言来解释宇宙的莱布尼茨[2]惊叹，因为（阴阳学）与西方的思维法则完全基于不同的原理。为弄清这点，最后，我们再对人类思考问题的两种基本模式：西方的数字性思维模式和东方的模拟性思维模式，做简单说明。

图4–10　阴阳八卦图

人类若要把“混沌的天地”转换为“和谐有序的宇宙”来认识世界的话，就必须切断连续的“混乱”，并且导入“范畴分类”的概念。现在，如

1.《记・纪》：指《古事记》和《日本书纪》。——译者注

2. 莱布尼茨 (Leibniz)，德国哲学家。——译者注

果假设确定了命题A，那么，与此同时，不是A的事物，也就是非范畴A的事物必然被定为反命题，这样，世界就被分割为A和非A。如果用阴阳八卦图来解释的话，世界秩序是由“黑”和“白”两部分组成的。

然而，由于A（白）是A（白）（同一律），那么，A（白）就必须不是非A（黑），同时，要求不能是既不是A（白）也不是非A（黑）（排中律）的事物。这是自亚里士多德以来，形而上学理论的思维方式，是西方的基本思维法则。换句话说，在西方逻辑中，“存在”意味着，要么是“A（白）等于A（白）”，要么是“非A（黑）等于非A（黑）”，而既不是“白”也不是“黑”的中间项——第三项，依据排中律是被排除在外的。而既是“白”同时又是“黑”这个命题，也是被矛盾律排除在外的。显而易见，这种观点是建立在严格区分“主体”与“客体”，确立“自我同一性”，同时排除“其他”的理性思维模式的基础上的。可以说，这是把整个世界全部分为“正面与负面，肯定与否定，白与黑”的二元对立的思维模式的，它是不允许相互对立、相互矛盾的事物同时存在的思考方式。

然而，始于教祖马哈维拉[1]的耆那教（严格遵守杀生戒的素食主义者，为防止杀生，师傅走路前，徒弟一定要把地扫干净）确立了以下四个命题：肯定、否定、既不肯定也不否定、既肯定又否定等。这叫四句分别[2]，所谓的“テトラ”是指常在海岸上看到的四脚体，所谓“レンマ”是指，进退两难或三难的困境。如果用英语的“陷入困境”来解释的话，就是“竖起这边，倒了那边”，然而必须选择其中一边，犹如平重盛[3]一样，陷入进退维谷的矛盾心理状态之中。也就是说，同西方的理念不同，东方的论点，根据容中律和扬弃律，承认既不是A（白色）也不

1. 马哈维拉 (Mahāvīra)。——译者注
2. 注：テトラ・レンマ，tetralemma。——译者注
3. 平重盛：平安时代末期的武将、公卿。——译者注

是非A（黑色）和既是A（白色）同时又是非A（黑色）的事物的存在。

承认“既不是白，也不是黑”的事物和“既是白也是黑的事物”的存在是怎么回事呢？这无非是承认二元对立的范畴之间的中间区域、边界区域，即灰色地带的存在。模糊暧昧的模拟性思维认为：世界上不存在百分之百的“白”，也不存在百分之百的黑。百分之百的“白”与“黑”，不过是极端的理想状态。现实中存在的是无限接近“白”的“灰”，和无限接近“黑”的“灰”。因此，在“白”中混入了无限小的“黑”，在“黑”中混入无限小的“白”。这种思维模式与明确区分黑白的数字性思维之间所存在的差异，以日欧文化宇宙观的对立而显现出来了。

具体地讲，来到日本的西方人想得到的是明确的判断和结论，可是日本人并不明确回答，只是暧昧地蔫不唧地笑，对此西方人感到十分困惑，有时甚至觉得毛骨悚然。路易斯・弗洛伊斯[1]曾指出：“欧洲，需要的是语言的清晰明了，并回避暧昧的言辞。而在日本，暧昧的语言却被视为最优秀的语言，最被看重的语言。”与欧洲的“是与非，肯定或是否定，马上要判断出‘正确与错误’”的数字性思维相反，日本人在对事物做判断时，存在无数“不是‘是’也不是‘不是’，‘是肯定也是否定’”的灰色地带。他们不马上做出正确或是错误的判断，他们是擅长用“连续量”的渐次增减所带来的“质的变化”进行思考的模拟性思维。可是，由此所带来的不好的方面是：会出现官僚以及政治家的态度暧昧，莫名其妙的讲话，以及为不让对方抓住话柄，而说一堆花言巧语，做欺骗性的答辩等。

因此，回到模拟性论点以及数字性理念，这一人类的原始思维去思考的话，不仅是吃“什么”，“用什么”去吃，用手还是筷子，或者是三

1. 路易斯・弗洛伊斯（Luís Fróis），葡萄牙天主教传教士。——译者注

件组合，在身边这些饮食方法里，潜藏在各自文化的根基里的宇宙观的同一性与差异性定会清晰地显露出来。

饮食方法，是能反映出某种文化（社会）中的“人与自然”以及“人与人”的关系结构的一面镜子，在无声中诉说着宇宙观的象征语言。如在西方也有“上帝存在于细节之中”的谚语那样，日常生活中的点滴小事无不蕴含着深厚的文化内涵。在世界上存在着许多烹调方法以及饮食方法，人类文化就是这些多样的亚文化的存在形式的差异性与共同性所构成的交响乐。只有音色不同的各声部乐器的配合才能发出不同的旋律，也才可能实现一个复调（具有多样性）的共同世界。若是只有一种乐器独奏，那么人类的饮食文化将会是极其贫乏无味的了。

主要参考文献

阿部谨也.生活在中世纪的人们[M].平凡社,1982.

阿礼国.大君之都[M].山口光朔,译.岩波文库,1983.

菲利浦・阿利埃斯.孩子的诞生[M].杉山光信,杉山惠美子,译.みすず书房,1980.

阿特纳奥斯.欢宴的智者[M].柳沼重刚,译.京都大学学术出版会,1980.

雅克・巴劳(Jacques Barrau).食文化史[M].山内昶,译.筑摩书房,1997.

让–克洛德・布洛涅(Jean Claude Bologne).羞耻的历史[M].大矢タカヤス,译,筑摩书房,1996.

皮埃尔・布尔迪厄(Pierre Bourdieu).差异化[M].石井洋二郎,译.藤原书店.

Braudel. Civilization materielle, economie et capitalisme[M]. XVe–XVIII siècle, Armand Colin.

布里亚–萨瓦兰(Brillat-Savarin).美味礼赞[M].关根,户部,译.岩波文库,1989.

张竞.中华料理的文化史[M].筑摩新书,1997.

Michael C. Corballis, Ivan L. Beale.左与右的心理学[M].白井等,译.纪伊国屋书店,1992.

约翰・科尔斯(John Coles).古代人是如何生活的[M].河合信和,译.动物社，1987.
Madeleine Pelner Cosman. 中世纪的飨宴［M］. 加藤，平野，译. 原书房.
Daremberg at saglio . Dictionnaire des Antiquites Greques èt romanies. Hachette.
道元. 赴粥饭法［M］. 中村等，译. 讲谈社，1997.
江马務. 饮食与居住，著作集［M］. 中央公论社，1988.
米尔恰·伊利亚德（Mircea Eliade）. 丰饶与再生，著作集［M］. 久米博，译. せりか书房，1991.
诺贝特·埃利亚斯（Norbert Elias）. 文明化的过程［M］. 波田等，译. 法政大学出版局.
Ennes èt al（1994）. *Histoire de la table*［M］. Flammarion.
布莱恩·费根（Brian Fagan）. 现代人的起源论争［M］. 河合信和，译. 动物社，1997.
詹姆斯·乔治·弗雷泽（James George Frazer）. 金枝篇［M］. 水桥桌介，译. 岩波文库，1973.
路易斯·弗罗依斯（Luís Fróis）. 日欧文化比较，大航海时代丛书［M］.XI 冈田章雄，译. 岩波书店，1973.
福永光司. 马文化与船文化［M］. 人文书院，1996.
舟田詠子. 面包的文化史［M］. 朝日选书，1998.
Gourarier（1994）. *Arts et maieres de Table*. Gerard Klopp.
春山行夫. 餐桌风习［M］. 柴田书店，1975.
Bridget Ann Henisch. 中世纪饮食文化［M］. 藤原保明，译. 政法大学出版局，1992.
樋口清之. 日本饮食文化史［M］. 朝日文库，1997.
阿维拉－吉隆（Bernardino de Avila-Giron）. 日本王国记，大航海时代丛书［M］.XI 佐久间，会田，译. 岩波书店，1973.

人见必大.本朝食鉴[M].岛田勇雄,译.东洋文库,1985—1989.
本田总一郎.筷子与勺的文化史.讲座·日本的饮食文化[M].
石毛直道.餐桌文化志[M].岩波书店,1993.
一色八郎.筷子的文化史[M].御茶水书房,1993.
金关恕编.卑弥呼的餐桌[M].吉川弘文馆,1999.
河合雅雄.人的由来[M].小学馆,1992.
岸野久.西方人的日本发现[M].吉川弘文馆,1989.
喜多川守贞.守贞谩稿[M].朝仓,柏川,校订编集,东京堂出版,1992.
儿玉定子.日本饮食[M].中公新书,1980.
小山修造.通往縄文学之路[M].NHKブクッス,1996.
熊仓功夫.日本进餐礼仪.讲座·饮食文化第五卷[M].味之素食文化中心,1999.
Laurious(1989). *Le Moyen Age a Table*. Adem Briro.
Lee(1979). *The!Kung San*, Cambridge U.P.
雷奥格尔汉(Leroi-Gourhan),勒劳埃-古尔汉(Leroi-Gourhan).肢体动作与语言[M].荒木享,译.新潮社.
Levi-Strauss(1968). *L'o origine des manières de table*. Plon.
前原胜矢.左右撇的科学[M].讲谈社,1996.
松泽哲郎.黑猩猩的内心世界[M].岩波书店,1991.
斯蒂芬·门内尔(Stephen Mennell).餐桌的历史[M].北代美和子,译.中央公论社,1989.
南直人.欧洲人舌尖上的变革[M].讲谈社,1998.
马丁·莫内斯蒂埃(Martin Monestier).图说·排泄全书[M].吉田,花轮,译.原书房.
Montaigne(1961). Essais. Pleiade.
罗贝尔·穆尚布莱(Robert Muchembled).近代人的诞生[M].石井洋

二郎,译.筑摩书房,1992.

中尾佐助.料理的起源[M].NHKブクッス(Books),1972.

直良信夫.狩猎[M].法政大学出版局,1968.

西田利贞等.猿的文化志[M].平凡社,1991.

Needham(1967). Right and Left in Nyoro Symbolic Classification. Africa, 37(4).

珍·法兰可斯雷蒙(Jean-Francois Revel).美食的文化史[M].福永,铃木,译.筑摩书房,1989.

李盛雨.韩国料理文化史[M].郑/佐佐木,译.平凡社,1999.

陸若汉.日本教会史,大航海时代丛书[M].IX佐野等,译.岩波书店,1973.

罗西(Rossi).性感的腿[M].山内昶,监译.筑摩书房,1999.

让·雅克·卢梭(Jean-Jacques Rousseau).爱弥儿[M].今野一雄,译.岩波文库,1994.

鲭田丰之.食肉的思想[M].中公新书,1988.

马歇尔·萨林斯(Marshall Sahlins).人类学与文化符号论[M].山内昶,译.法政大学出版局,1987.

佐原真.饮食的考古学[M].东京大学出版会,1996.

佐藤洋一郎.DNA记录稻作文明[M].NHKブクッス(Books).

关根真隆.奈良朝饮食文化研究[M].吉川弘文馆,1969.

筱田统.中国食物史[M].柴田书店,1993.

周达生.中国的饮食文化[M].创元社,1989.

基督徒史密斯.面包与盐[M].铃木等,译.平凡社,1999.

田中淡.古代中国画像中的烹饪与餐饮[D].论集·东亚饮食文化[C].平凡社,1985.

田中二郎.生活在丛林里的原始人(bushman)[M].思索社,1990.

基思·托马斯(Keith Thomas).人类与自然界[M].山内昶,监译.法政大学出版局，1998.

时实利彦．话说大脑［M］．岩波新书，1982.

段义孚．个人空间的诞生［M］．阿部一，译．せりか书房，1993.

维克托・特纳（Victor Witter Turner）．礼仪的过程［M］．富仓光雄，译．新思索社，1996.

范礼安．日本巡察记［M］．松田毅一等，译．东洋文库，1982.

渡边实．日本饮食文化史［M］．吉川弘文馆，1964.

Wheaton，Barbara Ketcham．味觉的历史［M］．辻美树，译．大修馆书店，1991.

山口昌伴．食器与食具．讲座・饮食文化第四卷［R］．味之素食文化中心，1999.

山内昶．饮食历史人类学［M］．人文学院，1994.

——．蛋糕文化志全集（合著）［M］．平凡社，1995.

——．破解禁忌之谜［M］．筑摩新书，1996.

柳泽桂子．左右撇由遗传基因决定［R］．讲谈社，1997.

后　记

人类为何用手抓食，用筷子吃，或者用刀叉勺三件套进餐呢？每个人在儿时都会遇到这个百思不解的事情。我也是其中之一。那时，我向大人问过这个问题，但没有人认真地回答过。大多数人，都表现出“如此无聊，没有意义的问题没时间理会你”的神情，稍微亲密一点的人也只是答复说，“以前就是那样做的，所以才那样做的”。“为什么，为什么，为什么”（なぜ、なんで、どうして）对孩子们爱问问题的习惯，要做出回应的大人们，才真正是烦恼的。心怀着得不到答案的问题的孩子变成老人后，终于给自己的问题找到了答案。那就是这本书。这个答案是否完整，我并没有把握。但是，关于食具的叙述，我却暗自自负。因为到目前为止，尚未有过如此具有概括性、理论性的研究。从文化记号论、文化象征论的角度来考察“用什么吃”，特别是深入到人类思维的原点，对日欧食具的差别进行比较研究，大概这本书开了先河。

虽然这样说，但从时间上，从古代到近代，从空间上，世界各地的食具以及饮食方法，如果全靠一个人来完成所有调查，那简直是不可能的。为此，只好参照诸多前人的优秀研究成果。参考的主要部分，已列入参考文献。特别是对中国的食具史的考察，由于完全没有中文知识，所以很多是参考了周达生先生的优秀著作，对此，铭记在心，由衷感谢。此外，我还参考《记、纪》以及其他的古典书籍的各种普及版本，也参考了《续群书类从》以及《古事类苑》等。在这里，首先声明：这些书籍不是专业学术书，因此，没有一一明确标注出处以及参考页码。再有，为方便读者，从各位先生的著作中引用了很多图。应该一一向作者道谢，但因有离世的人，所以无法实现。在这里，一并表示深深的谢意。

今年4月，当法政大学出版局的总编（曾任）稻义人先生打来电话问，能否给“物与人的文化史”这个系列著作写点什么。这便是撰写本书的契机。最初，是谈起“鬼魂”这个有趣的题目，但是那时，我想起昔日的幼稚问题，于是与对方约定如果是“食具”这个题目的话，能写。按照这个程度的写作量，若是从前有两三个月就（能完成）。可是，年逾七十，体力、智力等方面急剧衰减，汉字想不起来，要一个一个地不断查字典，所以，出乎意料地花费了许多时日。不仅如此，我在学部和大学院每周还有6次课，承担着讲授课程以及研究班讨论会的任务，此外，还另有三四本书的撰写工作。

在本书完成之前，稻先生就辞去了职务。虽然为时已晚，但总还算是践约了，老实说，松了一口气。该书的内容，是否符合他的意图和希望，我并没有把握，但是，我想把这本书敬献给这20年来，因为出版之事有过交往的稻先生。还有，这十七八年来，常被笔者原稿里的拙劣笔迹所困扰，这次受累了的是编辑部的松永辰郎先生，在此向他致谢，并就此搁笔。

译后记

《食具》是一部具有极深内涵的日欧文化比较研究的学术著作。作者山内昶先生(故)是法国文学专业出身,有留学法国、游历欧洲的经历,因此,他的法语语言表达能力以及对欧洲的历史、文化、社会等方面的了解远远超出了一般的研究者。他在日欧文化的比较研究领域是一位颇有建树且极具影响力的学者,从他出版的多部关于欧洲以及日本的人类文化学、文学、民俗学等方面的专著和译著来看,他对日欧文化及文学有着深入精当的研究并取得了丰硕的成果。

在本书中,他以日本和欧洲为中心,通过食具这一媒介,围绕日欧的饮食习惯、民俗文化以及人与自然的关系,深入而细致地分析了东西方在饮食文化上存在的差异及其产生的原因,进而探究和阐述了东西方在宇宙观、自然观以及文明史观上存在的不同。

作者在本书中旁征博引、深入浅出地进行比较说明,涉猎的知识面十分广泛,可谓是古今东西、天文地理无所不包,不能不让译者为他渊博的知识而钦佩、叹服。他挖掘出诸多鲜为人知的历史典故,所涉及的各学科的专业术语、人名、地名更是繁多。然而,要把作者这部博大精深、包罗万象的学术著作翻译过来，其难度是可想而知的。仅是翻译这些为数众多的用日语标注的欧洲的人名、地名，就足以让我们这些对西方社会文化、历史背景知之不多的日语工作者应接不暇、头晕目眩了。的确，有时为了查找一个人名或地名，毫不夸张地说要大费周折，甚至要用上半天的时间，而这类专有名词又特别多，为此真的是不知花费了多少时间，付出了多少艰辛的努力。不过，每当弄清一个专有名词或一个历史典故、攻克一个难关时，总会有一种成就感涌上心头，并为此露出会心一笑。

译者深深地期待，该译著在为读者提供知识的同时，也能为研究者提供一些研究方法上的启示。

此外，在翻译过程中，虽然译者严格恪守信、达、雅的翻译原则，但由于译者的知识储备和应对能力有限，书中的错误在所难免，恳请读者谅解并指正。

最后，本书由尹晓磊、高富合译，绪论、第一章、第四章以及后记等部分由尹晓磊承担，第二章、第三章、作者简介以及主要参考文献等部分由高富负责。

译　者